KB070520

지도로 보는
인류의 흑역사

지도로 보는
인류의 흑역사

Atlas of Forgotten Places

세상에서 가장 불가사의하고 매혹적인 폐허 40

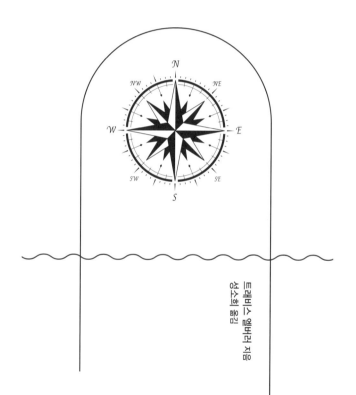

트래비스 엘버러 지음
성소희 옮김

한겨레출판

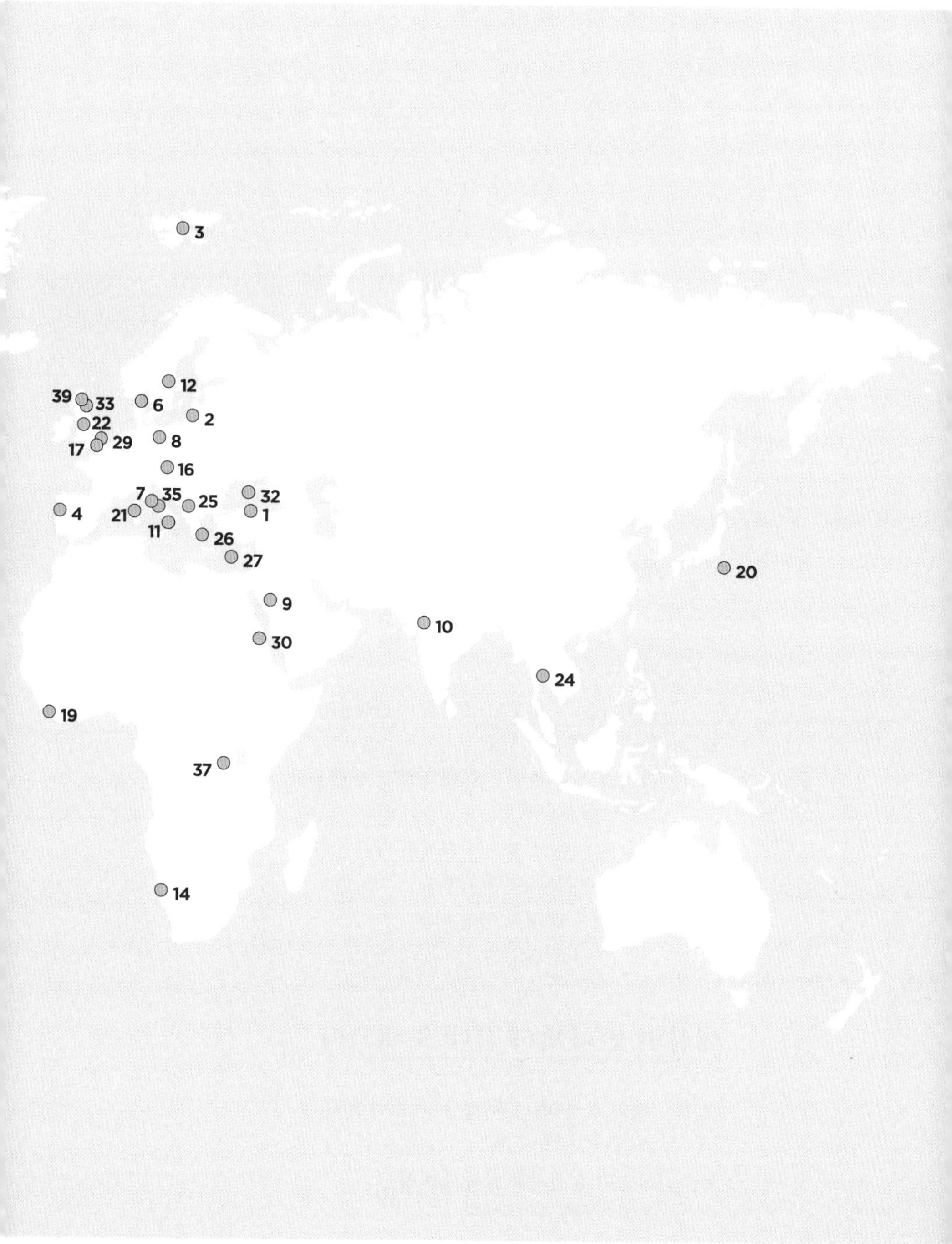
3
12
39
33
6
2
22
29
8
17
16
7
35
32
25
4
21
1
11
26
27
20
9
10
30
24
19
37
14

| 차례 |

시간의 무게에 잠식되다

찬란한 영광의 잔해

오래된 이야기의 마침표

잊는다는 것은 기억하는 힘을 잃는다는 뜻이다. 영어 단어 'forget'은 말 그대로나 어원학적으로나 '얻지 못함' 또는 '놓침'을 가리키며, 과거의 사건과 장소, 사람을 기억하지 못한다는 것을 뜻한다. 망각은 인간의 불완전성을 보여주는 본질적 요소, 심지어 필수적이기까지 한 요소다. 아울러 망각은 부주의한 방치나 무시라는 형태로도 일어날 수 있다. 영어에서는 약속 혹은 빵이나 우유를 사서 오라는 말을 듣고도 잊었을 때 'slip one's mind(깜빡 잊다)'라는 표현을 쓴다. 'misplaced(잘못된 위치에 둔)'는 어떤 대상을 완전히 잃어버렸다기보다는 잠시 찾지 못했을 때 쓰는 단어다. 이 낱말은 잃어버린 대상을 곧바로, 적어도 언젠가는 다시 찾으리라는 생각을 담고 있다. 시인 폴 발레리가 했다는 "시는 결코 끝나지 않으며, 다만 버려질 뿐이다"라는 말처럼, '버림'은 '되찾음'이나 '돌이킴'의 가능성을 분명히 안고 있다. 끝난다는 것은 죽는 것, 마무리되어 더는 돌아오지 않는 것이다. 하지만 버려진 것은 조금만 관심을 기울이면 쉽게 원래 상태로 되돌릴 수 있다. 버려진 물건은 다시 주울 수 있고, 버려진 땅은 다시 사람들로 가득 찰 수 있

다. 어쨌든 우리는 그렇게 생각하고 싶어 한다. 코로나-19 팬데믹 시
국 동안 텅 비어버린 도심과 마을은 생활의 중심지가 얼마나 빠르게
쥐 죽은 듯 고요해질 수 있는지 생생하게 보여주었다. 우리는 현대적
인 생활 방식과 도시의 경제 활동이 하룻밤 사이에 별안간 쓸모를 잃
을 수 있다는 사실도 깨달았다. 역사는, 그리고 사실 이 책도 후원과
무역, 정치, 위생, 사회 관습, 기후의 미묘한 변화로 인해 끝내 소용없
어진 장소들로 가득 차 있다. 버려진 장소라고 해서 전부 애도할 가치
가 있는 것은 아니다. 어떤 장소는 기억하기조차 싫거나 방문이 꺼려
질 수도 있고, 또 어떤 장소는 너무도 끔찍해서 잊지 못할 수도 있다.
그러나 최근 사건들에 비추어 보았을 때 버려진 장소들을 (용도를 바꾼
장소도 일부 포함해서) 지도로 그려보는 일은 더없이 시급하고 시의적절
해 보인다. 이런 장소가 품은 이야기는 (바라건대) 덧없음과 소진, 흥망
성쇠, 산업화와 환경, 인류의 오만, 신뢰할 수 없는 기억과 기념에 관
해 중요한 교훈을 줄 수 있다. 어쨌거나 미래에 여행을 떠나는 방향은
평소 지도에서 자주 살펴보는 곳이 아니던가.

　　이 책은 버림받고, 소외되고, 사람이 살지 않고, 사람이 살 수 없
는 장소들의 지명 사전이다. 이 지명 사전의 뿌리는 코로나-19 팬데
믹과 필자의 전작《별난 장소들의 지도Atlas of Improbable Places》에서 다룬 포
벨리아Poveglia 이야기라고 할 수 있다. 포벨리아는 베네치아에서 8킬로
미터 떨어진 작은 섬이다. 오늘날 포벨리아의 대다수 주민은 비유적
으로 말해서 유령이다(이 섬이 지구상에서 유령이 가장 많이 출몰하는 곳이

라고 주장하는 사람들도 꽤 많다). 7만 제곱미터 조금 넘는 이 좁은 섬에 어떤 오싹한 역사가 깃들었는지 생각해본다면, 이곳은 충분히 유령섬이라고 불릴 만하다. 흑사병이 유행한 1340년대, 그리고 흑사병이 다시 확산된 1600년대에 포벨리아는 베네치아의 흑사병 환자가 인정사정없이 버려지고 묻힌 곳이었다. 한꺼번에 매장된 수많은 사람 가운데는 목숨을 잃지 않은 이들도 있었다. 또한, 포벨리아는 수 세기 동안 검역과 격리의 장소로도 사용되었다. 베네치아에 들어가려는 사람들은 먼저 포벨리아에 40일 동안 머물러야 했다. 예수가 광야에서 금식하며 악마의 유혹을 이겨낸 기간과 똑같은 이 40일은 이탈리아어로 '콰란티네quarantine('약 40'을 의미하는 콰란티나quarantina의 복수형−옮긴이)'로 불렸다. 이 이탈리아 낱말은 전염병을 옮길 위험이 있는 사람들을 격리하는 관행을 가리키는 일반적 용어로 굳어졌다. 2020년 이전까지만 해도 부유한 나라에 사는 사람들은 대부분 검역과 격리를 동물에게나 적용하는 제도 혹은 대량 예방접종과 항생제가 등장하기 이전 시대에 국한된 제도라고 여겼을 것이다.

세월의 시험은 보통 오랫동안 끈질기게 이어진다. 이렇게 시간의 시험을 받을 때면 잃어버린 것이 더 커 보일 수 있다. 우리는 이번 팬데믹 사태를 겪으며 자유롭게 여행하는 능력까지 잃었다. 도시 경관을 살펴보며 마주하는 황량한 건물들은 우리가 병들지 않고 여행하는 능력을 얼마나 힘들게 얻어냈는지를, 아프거나 바람직하지 않다고 여긴 이들을 얼마나 잔혹하게 대했는지를 모두 잊었다고 꾸짖는다.

이 책에는 우리가 잊어버리고 내버려둔 장소들에 대한 이야기가 실려 있다. 이 고대와 현대의 폐허들은 아름답기도 하고, 추하기도 하고, 섬뜩하기도 하다. 진가를 인정받아 복원된 곳도 있고, 완전히 황폐해진 곳도 있다. 잊혀서 완전히 사라진 대상은 아무도 기억하지 않는다. 하지만 방치는 희망을 모두 포기해야 할 근거가 아니라 그 반대다. 버려진 장소는 다가올 세상을, 잔해에서 구할 가치가 있는 것들을 더 오래 더 열심히 생각해보라고 격려한다.

예정된 운명이 이루어진 곳

버려진 아이들의 안식처는
왜 유기되었나

뷔위카다 보육원
튀르키예, 이스탄불

비잔틴제국과 오스만제국의 수도였던 이스탄불(1930년까지는 콘스탄티노플로 불렸다)의 구도심은 아시아와 유럽 사이 세모꼴 반도의 일곱 언덕에 자리 잡고 있다. 이 도시는 수천 년 동안 동서를 이어주는 가교인 동시에 동서를 갈라놓는 장벽이었다. 탑과 총안을 갖춘 오래된 성벽은 '세 바다', 즉 황금뿔만(골든혼Golden Horn)과 보스포루스해협과 마르마라해의 바닷물을 맞으며 오늘날까지 버티고 서 있다. 도시에서

17

가장 위풍당당한 건축물인 아야소피아Aya Sofya와 술탄아흐메트 모스크 Sultan Ahmet Camii(블루 모스크)도 여전히 굳건하다. 아야소피아는 비잔틴제 국 유스티니아누스 황제의 명령으로 건설되어 서기 537년에 기독교 교회로 축성되었다. 술탄아흐메트 모스크는 첨탑과 정교한 타일 장식 을 품고 1616년에 완공되었다. 두 건축물 모두 이 도시가 역사의 교차 로에서 차지한 자리를 기념한다. 그 자리는 황제 권력과 종교 권력, 종 교 화합과 갈등, 상업과 해상 무역, 경건함과 탐욕, 순수 예술과 실용 기술, 폭력과 음모가 얽힌 자리다. 하지만 벽돌과 대리석, 타일, 석재 로 지어 올린 이 건물들은 튀르키예의 풍부한 건축 유산에 관해 절반 만 이야기할 뿐이다. 20세기 이전에 이스탄불이나 그 주변에 세워진 건물 대다수는 나무로 지었다. 현대 튀르키예의 수도 앙카라와 가까 운 내륙 지방 포라트르에는 철기 시대 프리기아왕국의 미다스 왕 무 덤 유적이 여전히 남아 있다. 왕국의 전설적 통치자였던 미다스의 왕 묘는 향나무와 소나무로 지어졌고, 장례 언덕은 높이가 40미터나 된 다. 이 고분은 전 세계의 온전한 목조 건축물 가운데 가장 오래된 것 으로 여겨진다. 미다스 왕의 무덤이 살아남은 것은 기적이나 다름없 다. 다른 전설적인 목조 사원과 왕궁, 주택, 교각은 대개 화재와 부식, 해충에 굴복했거나, 그저 허물어져서 더 튼튼한 석조 건물로 대체되 었다.

그리스인과 로마인, 기독교 십자군, 이슬람교 튀르크인에게 습 격당하고 침략당하고 포위당하고 약탈당하고 노략질당한 도시에서

목재는 잘못된 선택으로 보일 수 있다. 하지만 16세기 초에는 지진이 외적의 잠재적 침략보다 더 큰 골칫거리였다. 특히나 무시무시했던 1509년 지진은 목골조 건물의 구조적 이점을 증명했다. 목골조 건물은 지진의 진동과 함께 흔들릴 수 있었고, 혹시 파괴되더라도 그 정도가 심각하지 않았다. 더욱이 목조 건물은 수리하거나 교체하기가 훨씬 더 쉽고 저렴했다. 게다가 도시 공간이 제한되어 있었으므로 목재를 사용하면 건물을 더 높이 지을 수 있었다. 이스탄불 토착 주택의 특징은 위층에서 벽 바깥으로 툭 튀어나온 퇴창이었다. 주택 상부는 아래로 난 좁은 길 위의 처마에서 더 확장되어 건물 내부에는 더 많은 공간을, 자갈길을 지나다니는 보행자에게는 반가운 그늘과 쉼터를 제공했다. 이런 건물들이 빼곡하게 들어찬 구역은 쉴레이마니예 모스크 Suleymaniye Mosque 주변과 파티흐구의 제이레크 마을에서 찾아볼 수 있다. 하지만 제1차 세계대전 도중 화재를 우려해서 목재로 건물을 짓는 것이 금지되었고, 목조 건물을 유지하는 전통 목공 기술도 유실되었다. 심지어 이스탄불은 지난 몇십 년 사이 집중적으로 현대화되었다. 그 탓에 오래된 목조 주택은 대부분 허물어졌다.

그러나 마르마라해의 프린스제도를 이루는 아홉 섬 가운데 하나인 뷔위카다에서는 웅장한 목조 건물의 자취를 찾아볼 수 있다. 이 건물은 높이가 21미터, 길이는 무려 1025미터나 된다. 유라시아에서 세워진 순수 목조 건물 가운데 가장 크며, 아마 전 세계에서 두 번째로 클 것이다. 이 건축물은 저명한 프랑스계 오스만 건축가 알렉상드르

발로리가 국제침대차회사Compagnie Internationale des Wagons-Lits의 의뢰를 받아 1898년에 호텔과 카지노 건물로 지은 듯하다. 국제침대차회사는 호화롭기로 유명했고 훗날 애거사 크리스티의 범죄 소설로 불후의 명성까지 얻은 대륙 횡단 열차, 오리엔트 특급을 운영한 회사다. 발로리가 이스탄불에 지은 다른 건물 가운데는 신고전주의 양식의 페라팰리스 호텔Pera Palace Hotel도 있다. 1892년에 지어진 이 서양풍 호텔은 그 유명한 오리엔트 특급을 타고 오스만제국의 수도를 찾은 부유한 방문객들, 대체로 유럽인을 손님으로 맞았다. 뷔위카다에 들어선 새 호텔은 구조상 이스탄불 토착 건축 양식에 더 가까웠지만, 역시 부유한 해외 고객을 유치하기 위해 설계되었다. 당시 국제침대차회사를 상징하는 열차를 타고 이스탄불을 방문하는 사람들이 엄청나게 늘었기 때문이다. 그런데 뷔위카다의 호텔과 카지노는 끝내 영업 허가를 받지 못했다. 정확한 이유는 알 수 없지만, 아마도 오스만제국의 술탄 압둘 하미드 2세가 도박을 금지했기 때문일 것이다. 그 후, 이 매력적인 벨에포크Belle Epoque 시기 건물은 1903년에 그리스 자선가에게 팔렸다. 그는 건물을 콘스탄티노폴리스 총대주교청에 기부하고 보육원과 학교로 써달라고 부탁했다.

거의 6000명이나 되는 고아가 이곳의 나무 문을 드나들었다. 그러는 사이 오스만제국이 무너졌고, 세계대전이 두 번이나 일어났으며, 혁명이 한두 차례 벌어졌고, 이스탄불이 앙카라에 새로운 세속 국가 튀르키예의 수도 자리를 내어줬다. 그런데 보육원은 키프로스 문제로 튀르키예와 그리스 사이에서 긴장이 고조되던 1964년에 문을 닫고 말았다.

건물은 최근에 다시 그리스 정교회의 손으로 넘어갔다. 근처 오두막에 살며 건물을 지키는 관리인도 생겼다. 하지만 건물은 철조망 뒤에 가만히 서서 천천히 시간에 갉아 먹히고 있다. 나무 들보와 골조도 약해지고 있다. 손님맞이(와 도박)를 위해 설계되었고 부모나 보호자를 잃은 아이들의 안식처가 되었던 건물이 이제는 유기와 방치라는 가장 잔인한 운명을 겪고 있다.

체르노빌 참사의
숨은 그림자

자르노비에츠 원자력발전소
폴란드

폴란드 북부 발트해 연안, 그단스크에서 북서쪽으로 60킬로미터 정도 떨어진 그미나 크로코바 지방에는 자르노비에츠라는 마을이 있다. 500년이 넘는 세월 동안 자르노비에츠를 지탱한 생명력은 시토 수도회 수녀들이 1235년에 설립한 수녀원이었다. 어느 면에서 볼 때 이 수녀원은 자르노비에츠에 또 다른 주요 랜드마크를 하나 더 제공했다고 할 수 있다. 바로 오다르고프Odargow '악마의 바위'다. 높이가 거

스웨덴

욀란드섬

발트해

클라이페다

리투아니아

네만강

커우나스

빌뉴스

보른홀름섬

자르노비에츠

그단스크만
(단치히만)

칼리닌그라드
러시아

그디니아

그단스크

엘블라크

코샬린

올슈틴

비스와강

슈체친

나레프강

비아위스토크

벨라루스

오데르강

네체강

비드고슈치

토룬

부크강

고주프비엘코폴스키

프워츠크

바르샤바

브레스트

포즈난

바르타강

폴란드

칼리시

우치

피리차강

라돔

비에프스강

루블린

루빈

레그니차

브로츠와프

체스토호바

타트라스산맥

오데르강

오데르강

카토비체

비스와강

산강

프라하

크라쿠프

제슈프

체코공화국

오스트라바

크로스노

드니에스테르강

카르파티아산맥

질리나

슬로바키아

코시체

미슈콜츠

헝가리

0   100킬로미터

자르노비에츠 원자력발전소의 주요 구조

의 3.5미터인 이 커다란 바위는 옆면에 톱니 모양으로 움푹 팬 곳이 눈에 띈다. 전설에 따르면 악마가 직접 남긴 발톱 자국이라고 한다. 사탄은 이 바닷가 마을의 독실한 수녀들이 생선과 육류, 달걀 등 육식을 포기하자 격분해서 바위를 들어올렸다. 수녀원의 교회에 바위를 내던져서 무너뜨릴 심산이었다. 하지만 신의 섭리 덕분에(또는 악마가 시기를 잘못 잡은 바람에) 수탉이 꼬끼오 하고 울어서 악마는 깜짝 놀라 바위를 떨어뜨렸다. 결국 악마는 날이 새기 전에 슬그머니 도망쳤다.

크로코바 풍경에 불길한 분위기를 더해주었던 '악마의 바위'는 지난 몇십 년 사이 더 으스스한 존재와 경쟁해야 했다. 새로운 경쟁자는 끝내 완공되지 못한 자르노비에츠 원자력발전소다. 폴란드에서는 공산주의 정권의 통치를 받은 수십 년 동안 그리고 그 이후에도 석탄이 연료의 왕이었다. 동유럽에서 가장 큰 에너지 생산국이자 소비국인 폴란드는 에너지 수요의 약 80퍼센트를 석탄으로 충당했다. 하지만 귀중한 천연자원을 절약하고 화석연료를 자유롭게 수출하고자 1950년대 후반부터 원자력발전 계획을 세웠다. 1982년, 폴란드 정부는 그단스크와 그디니아의 항구에서 상당히 가까운 자르노비에츠의 호수 근처에 국가 최초의 원자력발전소를 건설하겠다고 발표했다. 정부는 소비에트에서 설계한 VVER-400 원자로를 네 기 설치하고, 28만 제곱미터 넓이의 부지에 다른 건물들까지 포함해 원전 복합 단지를 건설하고자 했다. 발전소는 1993년에 완공될 예정이었다.

이후 4년 동안 발전소 건설은 순조롭게 진행되었다. 그런데 1986

자르노비에츠 원자력발전소는 끝내 완공되지 못했고,
1990년에 완전히 버려졌다.

30년 동안 녹슨 채 버려져 있던 자르노비에츠 원자력발전소 터는
향후 새로운 원자력발전소 부지로 고려되고 있다.

년, 우크라이나의 체르노빌 원자력발전소에서 원자로가 폭발했다. 방사능 낙진이 유럽 전역으로 퍼졌다. 우리는 이 참사의 피해 범위를 결코 정확하게 알지 못할 것이다. 다만 국제연합United Nations(UN)은 세계 최악의 원자력발전소 사고로 대략 350만 명이 피해를 보았고 토지 5만여 제곱킬로미터가 오염되었다고 주장한다. 체르노빌의 여파는 실질적으로나 상징적으로나 막대할 것이다. 이 사고는 고삐 풀린 권위주의 정치 제도의 부패를 만천하에 드러내서 소련의 붕괴를 일으킨 기폭제로 평가받는다. 당시 소련의 정치 체제는 권력 자체가 모든 면에서 좀먹어 들어가 있었다.

예정된 운명이 이루어진 곳

폴란드에서는 체르노빌 발전소와 다른 방식으로 운영되는 원자로를 사용할 계획이었다. 하지만 발전소가 들어설 땅에서 구조적 결함이 확인되었고, 원자력발전을 반대하는 환경 단체의 시위는 체르노빌의 여파로 더욱 거세졌다. 1989년에 베를린 장벽이 무너지고 원자력발전소 건설에 대한 조직적 반대가 계속되자, 마침내 1990년 9월에 자르노비에츠 원자력발전소 개발이 중단되었다. 취소 비용은 눈물이 찔끔 나올 만큼 어마어마한 5억 달러로 책정되었지만, 건설을 계속하는 데 드는 비용은 이를 훨씬 넘어서는 것으로 추산되었다. 설치가 진행 중이던 원자로 두 기는 철거되었고, 나머지 두 기는 부품으로 팔렸다. 현재 발전소 터에 남은 것은 텅 비고 녹슨 폐허뿐이다. 그런데 폴란드가 유럽연합European Union(EU)의 온실가스 순배출량 정책 협약을 마지못해 받아들이면서 석탄 의존도를 줄이기 위한 수단으로 원자력발전이 다시 거론되었다. 이 지역의 잠재적 지진 활동에 대한 우려가 아직 사라지지 않았지만, 자르노비에츠는 차세대 원자력발전소를 건설할 부지 가운데 하나로 뽑혔다. 체르노빌 참사의 기억을 잊고 싶고 원전 계획 취소로 인한 경제적 후유증에서 벗어나고 싶은 일부 주민은 이 뉴스가 뛸 듯이 반가울 것이다.

소련 붕괴도 견딘 이곳을 무너뜨린 것

◉

피라미덴
노르웨이

생물학자 줄리언 헉슬리는 스발바르제도를 보고 "알프스산맥에서 꼭대기 4000피트를 잘라다가 북극해로 옮겨놓은 것 같다"라고 묘사했다. '스피츠베르겐Spitsbergen'이라는 옛 이름도 눈 덮인 산맥을 상기시키는 '뾰족한 봉우리들'이라는 뜻이다. 이 네덜란드어 이름을 붙인 주인공은 네덜란드 탐험가 빌렘 바렌츠다. 바렌츠는 결국 불운한 운명을 맞을 탐험대를 이끌고 북서 항로를 탐색하던 중 1596년에 북

스발바르제도의 버려진 소비에트 광산 마을. 가장 눈에 띄는 자리에 레닌 흉상이 있다.

광산촌 주민은 실내 수영장을 비롯해 수많은 편의시설을 이용할 수 있었다.

위 78도 근방에서 얼음으로 뒤덮인 이 섬들을 처음 발견했다. 높이가 937미터인 피라미덴의 봉우리는 확실히 뾰족하며, 안개에 휩싸였을 때도 음울하고 묵직한 존재감을 뽐낸다. 물론, 어렴풋이 피라미드처럼 보이기도 한다(노르웨이어 '피라미덴Pyramiden'은 피라미드를 뜻한다—옮긴이). 1998년까지는 피라미덴을 고대 이집트의 피라미드와 비교하는 것이 터무니없어 보였을 것이다. 하지만 이집트 왕가의 계곡처럼 갈수록 관광객을 더 많이 끌어당기는 이 소비에트 폐광은 몰락한 생활방식이 낳은 으스스한 인공물을 둘러볼 기회를 선사한다.

석탄은 피라미덴의 유일한 산업이었다. 웁살라대학교의 저명한

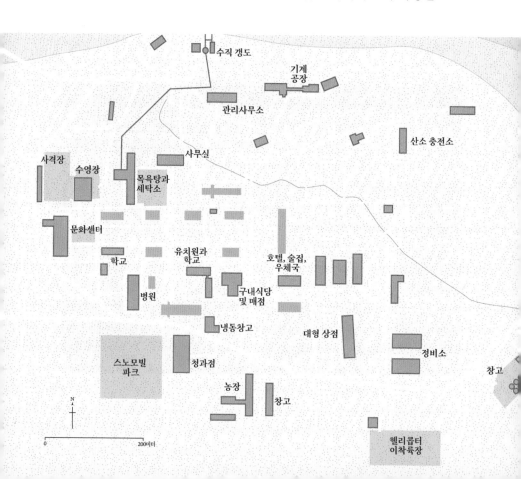

지질학 교수 베르틸 회그봄이 이 지역을 광범위하게 조사한 후, 1910
년에 스웨덴의 탄광 기업 스웨덴석탄회사스피츠베르겐Svenska stenkolsak-
tiebolaget Spetsbergen이 처음으로 광물질 층을 개발했다. 그런데 1920년, 스
웨덴에서 독립한 지 겨우 15년 된 노르웨이가 스피츠베르겐조약에 따
라 이 제도의 통치권을 차지했다. 노르웨이는 지명을 스피츠베르겐에
서 스발바르Svalbard로 즉시 바꾸었다. 12세기 아이슬란드 사가에서 종
종 언급되는 '차가운 바다'라는 말에서 따온 이름이다. 아울러 영국과
미국, 일본, 러시아를 포함해 스피츠베르겐조약 서명국 전체는 스발
바르제도의 자원에 대해 동등한 권리를 얻었다. 정말로 이 권한을 행

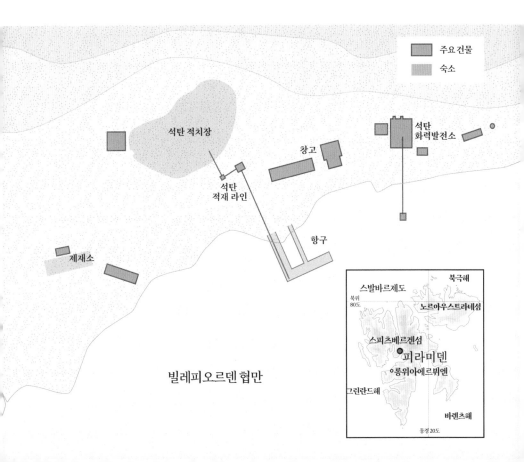

주요건물
숙소

석탄 적치장

창고

석탄
화력발전소

석탄
적재 라인

항구

제재소

빌레피오르덴 협만

북극해
스발바르제도
노르아우스트라네섬
북위
80도

스피츠베르겐섬
피라미덴
o롱위아에르뷔엔

그린란드해

바렌츠해
동경 20도

사하겠다고 결정한 나라는 러시아뿐이었다. 스웨덴의 지분을 1931년에 인수한 소련의 국영 기업 아르크티쿠골Arktikugol(북극석탄회사)이 제2차 세계대전 이후 피라미덴에서 본격적으로 석탄 채굴을 시작했다.

처음에 소련은 지역의 유동적인 충적 지형에 민감하게 반응해서 막사처럼 볼품없는 건물 몇 채만 탄광 바로 옆 바위투성이 산기슭에 세웠다. 그러나 광산 마을은 완전히 조직적인 정착지로 성장했다. 광산촌은 엄격한 소비에트 건축 양식을 착실하게 따르는 모범적인 마을이 되었다. '위대한 10월 혁명 60주년 거리'라는 국가주의적인 이름이 붙은 중심가를 축으로 건물들이 대칭으로 배열되었다. 레닌을 기리는 조각상도 이 거리를 장식했다(러시아 혁명 지도자의 조각상 가운데 가장 북쪽에 세워진 것이다). 마을은 세상에서 가장 북쪽에 있는 그랜드 피아노와 실내 수영장도 자랑했다. 피라미덴 광산촌은 광부와 그 가족들의 요구에 부응하고자 학교와 호텔, 식당과 술집, 영화관, 농구장, 체육관, 책 6만 권을 갖춘 도서관이 있는 문화의 집을 포함해 다양한 시설을 제공했다. 겨울에는 석 달 동안 해가 수평선 위로 뜨지 않고 반대로 여름에는 석 달 동안 해가 지지 않는 곳, 한여름에도 온도가 섭씨 7도 이상으로 오르는 일이 거의 없는 곳에서 편의시설은 하늘의 선물로 느껴졌을 것이다. 마을의 외관을 한층 더 개선하고자 시베리아에서 들여온 모래와 뗏장, 씨앗을 이용해 잔디밭도 가꿨다. 당시 심은 잔디는 오늘날에도 이 척박한 툰드라에서 싹을 틔운다. 1980년대까지 1000명 넘는 주민이 피라미덴에서 만족스럽게 생활했다. 피라미덴은 그처럼 혹독한 조건에서도 공산주의 계획 경제가 성공할 수 있는 이상적인 사례로 보였다.

피라미덴은 1991년의 소련 붕괴도 잠시나마 견뎌냈지만, 석탄 가격 하락과 세계 에너지 시장의 부침 탓에 경제적 생존이 불가능해졌다. 결국, 1998년 4월 1일에 피라미덴 광산이 문을 닫았다. 광산촌에 남아 있던 주민 300명은 그해 10월까지 피라미덴을 떠나야 했다. 그들은 마지막 몇 개월 동안 가장 소중한 개인 소유물과 장비를 청소하고 짐을 꾸렸다. 그런데 피라미덴 주민은 마을 밖으로 무언가를 가지고 나가는 데 별 노력을 기울이지 않았다. 식당과 술집, 음악실, 작업장의 비품과 부속품, 심지어 피라미덴 박물관의 전시품까지 그대로 남겨졌다. 문과 창문이 침입자와 북극곰을 막아주는 건물 안에서 이 물건들은 파라오 무덤의 부장품처럼 다시 발견되기를 기다리며 앉아 있는 것 같다.

이후 수십 년 동안 부식과 좀도둑, 갈매기, 북극여우, 이동하는 빙하, 해빙수가 마을 일부를 휩쓸었다. 가장 큰 피해를 준 주인공은 따로 있었다. 소비에트의 기술자들이 경로를 변경한 빙하류와 강물이 제멋대로 흐르면서 인간이 오만하게 바꾸어놓은 자연 지형을 원상태로 돌려놓았다. 하지만 피라미덴 광산촌은 옛 모습을 놀랄 만큼 고스란히 간직하고 있다. 이곳에서 시간은 레오니트 브레주네프가 여전히 소련의 서기장이었던 시절에 멈춰 있는 듯하다. 피라미덴 내 일부 구역의 퇴락도 여름철마다 꾸준히 찾아오는 관광객 덕분에 멈췄다. 툴

판Tulpan 호텔이 복원을 거쳐 2013년에 다시 문을 열었고, 정통 소비에
트 양식으로 꾸민 객실과 현대적으로 꾸민 객실을 제공한다.

건축가는 그 부부의 운명을
예견했을까

도나시카성
포르투갈, 브라가, 파우메이라

포르투갈 브라가 외곽에 있는 파우메이라의 도나시카성은 거의 버려져 있다. 스위스 태생의 건축가 에르네스토 코로디가 이 나라의 고대 유적에 매혹되었기 때문에 도나시카성도 덩달아 폐허처럼 서 있어야 한다는 말은 매정한 듯하면서도 이상하게도 그럴듯하다. 코로디는 1889년 브라가의 실업학교에서 교직을 얻어 열아홉 살에 포르투갈로 이주했고, 훗날 포르투갈 시민권을 얻었다. 프랑스의 유명 건축가 외젠 비올레르뒤크처럼 코로디는 새로운 조국의 건축 유산이 창피할 정도로 형편없는 상태라는 사실에 관심을 보였다. 그뿐만 아니라 가장 훌륭한 고대 건축물 상당수를 보존하고 혁신적으로 복원하는 데도 직접 힘을 쏟았다. 그의 가장 자랑스러운 업적 가운데 하나는 레이리아성Castelo de Leiria을 보존하는 데 힘을 보탠 일이다. 레이리아성은 무어인이 포르투갈을 통치하던 시기로까지 거슬러 올라가는 중세 요새다. 그런데 반도전쟁(스페인·포르투갈·영국 연합군이 이베리아반도를 침략한 나폴레옹 군대와 싸운 전쟁, 1808년~1814년-옮긴이) 때 나폴레옹 군대의 대포에 크게 훼손되었었다.

레이리아 지방은 북쪽의 포르투와 남쪽의 리스본 사이 대략 중간 지점에 있다. 코로디는 1894년에 레이리아의 실업학교로 전근하며 이곳으로 이주했다. 나중에는 레이리아 실업학교의 교장이 되었다. 개신교도였던 코로디는 종교의 차이를 극복하고 1901년 지역 가톨릭 초등학교 교사인 키테리아 다 콘세이상 마이아와 결혼했고, 자녀를 두 명 두었다. 그는 레이리아의 실내 시장을 비롯해 수많은 건물을 설계했을 뿐만 아니라 자신의 집 옆에 작업장 빌라오르텐시아를 세웠다. 그는 전통적인 석조 건축 방식을 되살려 다양한 환경에서 활용하는 데 전념했고, 윌리엄 모리스가 주도한 영국의 미술공예운동Arts and Crafts Movement에서 영감을 얻었다. 모리스와 비올레르뒤크처럼 코로디 역시 마음속 깊은 곳부터 낭만주의자였다. 그의 역사주의는 학구적이기도 했지만, 풍부한 상상력에서 열정을 얻었다. 그의 건축물

성의 탑과 망루는 고딕부터 아르누보까지 다양한 건축 양식을 결합했다.

은 이상적으로 그려지는 과거, 더욱 고결했다고 일컬어지는 기사도식 과거를 자주 참고했다. 그러나 그는 진보를 믿었고, 아르누보Art Nouveau 와 아르데코Art Deco의 진취적인 표현 양식에 따라 작업하는 데도 거리낌이 없었다. 코로디의 가장 현대적인 건물 중에는 포르투의 카페 임페리알Café Imperial이 있다. 이 건물은 패스트푸드 체인점으로 바뀌어서 '세상에서 가장 아름다운 맥도날드 지점'으로 불린다. 알가르베 지방의 빌라헤알지산투안토니우Vila Real de Santo António에 있는 구아지아나 호텔 Hotel Guadiana 역시 현대적인 작품이다. 걸작으로 평가받는 구아지아나 호텔은 무척 아름다운 후기 아르누보 양식의 건물이다. 통조림 회사 재벌인 마누엘 가르시아 라미레스가 1926년에 의뢰한 이 건물은 타구스강 남쪽에 지어진 최초의 호텔이라고 한다.

도나시카성도 부유한 후원자의 의뢰로 시작한 프로젝트다. 파우메이라의 지주였던 주앙 주제 페헤이라 헤구는 자기 부부의 결혼을 기념하는 웅장한 건축물을 지어달라고 주문했다. 이 건물은 일대에서 '도나 시카Dona Chica'라는 애정 어린 별명으로 불리던 브라질 출신 아내 프란시스카 페이소토 헤구에게 보내는 연애편지가 될 터였다. 코로디가 이 작업으로 고안해낸 양식은 '사치스러운 절충주의'로 불린다. 그는 4층짜리 건물에서 고딕과 아라베스크, 낭만주의, 러스틱Rustic, 아르누보 요소를 재미있게 결합했다. 도나시카성에서는 둥근 탑(라푼젤이 머리 타래를 붙잡고 내려갈 것만 같다) 하나와 주랑 현관 하나, 수많은 작은 탑과 아치형 창문이 돋보인다.

도나시카성은 1915년에 짓기 시작했지만, 4년 후 작업이 완전히 중단되었다. 듣자 하니 헤구 부부의 행복한 결혼 생활이 깨졌기 때문이라고 한다. 돌이켜보며 하는 생각이지만, 그때 뭔가 문제가 있다는 사실을 코로디가 직감하지는 않았는지 궁금해진다. 그는 서로 충돌하는 다양한 양식과 거의 요새처럼 보이는 외관을 갖춘 동화 같은 성을 헤구 부부에게 그대로 주겠다고 결정했다. 이 결정은 우정과 신의라기보다는 갈등과 충돌을 암시하는 것 같다. 성은 어느 영국 귀족에게 팔렸다. 이후 소유주가 여러 번 바뀌며 건물을 완공하려는 시도가 꾸준히 이어졌지만, 자금 부족으로 번번이 실패했다. 브라가에는 코로디의 이름을 딴 길거리도 한 군데 있다. 하지만 도나시카성은 여전히 텅 빈 채로 서서 빛나는 갑옷을 입은 기사와 몰락한 영광의 환영, 사랑과 황금의 변덕을 상징하는 문장紋章을 기다리고 있다.

아이티 혁명의 영웅은
왜 독재자가 됐을까

상수시 궁전

아이티

'Carefree(근심 걱정 없는)'라는 단어는 대체로 아이티와 연관 짓기 힘든 단어다. 아메리카 대륙에서 가장 가난한 나라 아이티는 프랑수아 '파파 독' 뒤발리에와 아들 장클로드 '베이비 독' 뒤발리에의 지독한 독재 아래서 피비린내 나는 29년을 견뎠다. 지금도 아이티는 정치 부패와 조직 폭력에 시달리고 있다. 또한 최근에는 열대성 태풍과 지진에 참혹한 피해를 보았다. 2010년, 200년 만에 최악의 지진이 수도

포르토프랭스를 덮쳤다. 20만 명이 목숨을 잃었고 100만 명이 집을 잃었다. 게다가 지진의 여파로 콜레라가 창궐하여 6000명이 더 숨졌다. 그런데 역시 지진으로 처참하게 무너진 아이티의 전설적 건물, 상수시 궁전의 이름은 '근심 걱정 없는'이라는 뜻이다.

상수시 궁전은 독일 포츠담에 있는 프리드리히 대왕의 여름 별궁 상수시Sanssouci 궁전에서 영감을 받아 지어졌을 것이다. 사실, 독일의 상수시 궁전도 프로이센 왕이 베르사유에 있는 프랑스 왕궁을 본떠서 지은 건물이다. 아이티의 상수시 궁전은 이 나라 북부의 푸르른 언덕에 있는 옛 밀로Milot 플랜테이션 위에 들어섰다. 아이티의 왕 앙리 크리스토프가 거처로 삼을 궁전이었기 때문에 왕의 강력한 지위와 권력을 나타내야 했다. 따라서 이 호화로운 건축물은 처음부터 고전적인 파사드와 바로크식 이중 계단, 테라스, 분수, 정원, 병기고, 병영을 모두 갖추었다. 앙리 크리스토프는 아이티 혁명의 영웅이었다. 그는 1767년 서인도제도의 그레나다에서 노예로 태어났지만, 곧 자유를 찾았다(노예 신분에서 갓 해방된 부부의 자식이었다는 설도 있다). 프랑스의 프리깃 범선에서 함장의 급사로 일하다가 요리사 훈련을 받았고, 당시 프랑스의 식민지였던 생도맹그Saint-Domingue의 수도이자 항구 도시인 카프아이시앵Kap Ayisyen의 호텔에서 일했던 것 같다. 1791년 노예 반란이 일어난 직후, 크리스토프는 투생 루베르튀르가 이끄는 무장 단체에 합류해서 식민 지배를 타도하는 투쟁에 나섰다. 그 결과, 아이티는 1804년에 최초로 흑인이 독립을 주도한 주권국가이자 유일하게 노예 반란을 통해

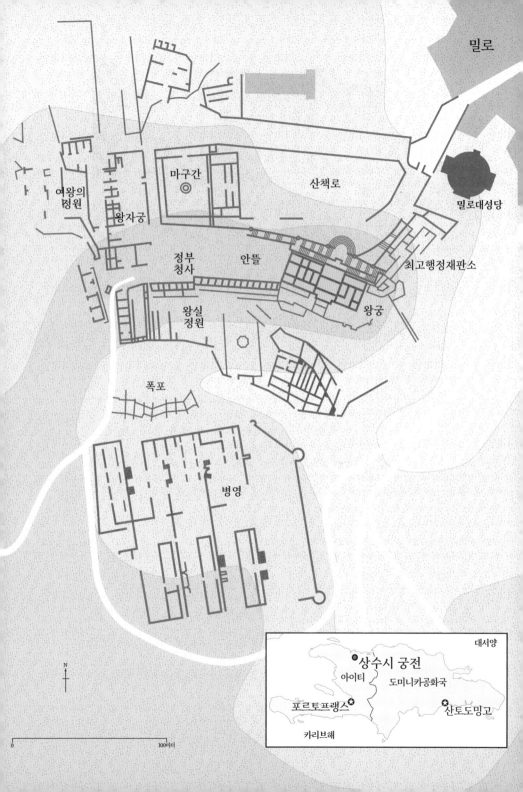

밀로

마구간

산책로

밀로대성당

여왕의
정원

왕자궁

정부
청사

안뜰

최고행정재판소

왕실
정원

왕궁

폭포

병영

N

0   100미터

대서양

상수시 궁전

아이티

도미니카공화국

포르토프랭스

산토도밍고

카리브해

바로크식 이중 계단을 갖춘 고전적인 대칭 파사드가 눈에 띈다.

성공적으로 노예를 해방한 사회가 되었다.

　신생 독립국은 아이티-히스파니올라_{Hispaniola}라는 유럽식 이름 이전에 타이노 원주민이 이 섬을 부르던 이름-로 국명을 바꾸었다. 그런데 1806년에 아이티의 초대 통치자 장자크 데살린이 암살당하며 나라가 둘로 쪼개졌다. 크리스토프는 북쪽 아이티 국가의 수장이 되었다. 한때 그의 전우였고 이제는 최대의 적이 된 알렉상드르 페시옹은 남서쪽 아이티공화국의 대통령이 되었다.

　아이티를 방문한 어느 유럽 외교관이 "잘생기고, 냉랭하고, 도시적"이라고 묘사했던 앙리 크리스토프는 영국의 노예제 폐지론자 윌리엄 윌버포스와 토머스 클락슨, 러시아 차르 알렉상드르 1세와 편지를 주고받았다. 그는 아이티 상류층의 후손을 교육할 영국과 미국 출

1813년에 완공된
이 장엄한 궁전은
1842년 지진으로 복구할 수
없을 만큼 훼손되었다.

신 교사를 모집할 때도 클락슨에게 조언을 구했다. 그런데 아이티의 독립과 해방 후에도 서열이 낮았던 사람들의 삶은 장밋빛과 거리가 멀었다. 노예에서 해방된 사람들은 억지로 육지에 머물러 있어야 했다. 크리스토프가 특별히 관심을 보인 사업에서 강제로 노동하기도 했다. 크리스토프가 가장 집착했던 프로젝트는 그 자신을 위한 요새 궁전을 세우는 일이었다. 궁전 건설은 1810년에 시작되었다. 이듬해 3월, 갈수록 독재자로 변해가던 크리스토프가 아이티를 왕국으로 선포하고 자기 자신을 왕 앙리 크리스토프 1세로, 아내를 마리루이즈 왕비로 선언하면서 건설 사업은 군왕에 걸맞은 면모를 갖추었다. 그는 즉위식에서 영국 왕 조지 3세를 위해 건배할 만큼 영국 예찬자였다. 거창한 의식을 대단히 좋아했고, 유럽식 귀족 계층을 만들어서 충성스러운 아첨꾼들에게 작위를 뿌렸으며, 하노버 왕실의 복식과 복잡한 예절을 받아들였다.

앙리 1세는 새로운 아이티 귀족과 외국의 고관대작을 위해 호사스러운 무도회와 연회를 주최할 생각이었고, 상수시 궁전은 마땅히 장엄하고 화려한 무대가 되어야 했다. 아이티를 찾은 외국인들은 상수시 궁전을 보고 '서인도제도에서 가장 웅장한 건물 중 하나'라며 경의를 표할 터였다.

건설 과정은 길었고, 평범한 아이티인 수백 명, 수천 명의 목숨을 앗아갔다. 아이티 사람들은 끔찍하고 치명적인 환경에서 고생스럽게 일했으며, 아주 사소한 죄로도 즉결 판결을 받아 총살형을 당했다.

개인적인 비극이 잇달아 겹치며 크리스토프의 독재도 흔들렸다. 번개가 왕궁 화약고에 내리치면서 아들이 목숨을 잃었다. 뒤이은 폭발로 왕궁 한 블록도 날아가버렸다. 1820년 8월 15일에는 그가 교회에서 발작을 일으켰고 결국 오른쪽 몸 전체가 마비되었다. 심지어 휘하의 연대와 개인 경호부대가 페시옹의 뒤를 이어 아이티 공화국의 대통령 자리에 오른 장피에르 보이에에게 투항했다. 결국 1820년 10월 8일, 앙리 크리스토프는 리볼버에 은 탄환을 단 한 발만 재우고 발사해서 스스로 목숨을 끊었다. 아이티는 보이에의 주도로 다시 통일되었다. 상수시 궁전은 1842년 지진으로 거의 완전히 파괴되었다. 잔해는 무소불위의 권력을 보여주는 상징이자 아이티가 벗어나려고 노력해온 압제의 섬뜩한 폭력에 대한 말 없는 증인으로서 두 세기 동안 트라우마를 견디고 있다.

크누트 대왕의 경고가
현실이 되다

루비에르크누드 등대
덴마크

사람들이 크누트 대왕에 관해 들어본 내용은 단 한 가지, 파도에 얽힌 이야기일 것이다. 크누트는 1016년에 잉글랜드를 정복하고 노르웨이까지 통치한 덴마크 왕이다. 이 일화는 왕이 사망하고 100년 후에 헌팅던Huntingdon의 부주교 헨리Henry가 쓴 12세기 연대기《잉글랜드 역사》에 처음 기록되었고, 그 후로 끝없이 윤색되었다. 가장 널리 알려진 이야기에 따르면, 크누트는 궁정에서 몹시 지독한 아첨을 받으며 지냈다. 그처럼 강력한 데인족이 못 할 일은 없다는 말을 들은 왕은 왕좌를 바닷가로 옮겨서 파도가 밀려드는 모래밭에 놓아두라고 명령했다. 그는 아첨하는 자들에게 세속적 권력에도 한계가 있다는 교훈을 가르쳐줄 심산이었다. 해변의 왕좌에 앉은 앵글로색슨 군주는 철썩거리며 발과 정강이와 옷단을 적시는 바닷물에 멈추라고 단호하게 분부했지만, 바닷물은 끊임없이 밀려들었다. 옥좌 곁에 서 있던 왕궁의 아첨꾼들도 오래지 않아 소용돌이치는 바닷물에 무릎까지 잠겨버렸다. 결국, 그들 모두 잘못을 뉘우치고 궁정으로 돌아갔다. 몸은 흠뻑 젖었지만 정신은 더 현명해졌고, 신을 사랑하고 분별력을 갖춘 크누트 대왕을 더욱 존경하게 되었다.

이 사건이 일어났다는 장소는 다양하다. 사우샘프턴이라는 설도 있고, 서식스의 보샴(우연히도 크누트의 딸이 이곳의 브룩스트림강에서 익사했다)이라는 주장도 있고, 웨스트민스터의 템스강이라는 이야기도 있다. 하지만 크누트가 밀려 들어오는 바닷물을 두려워한 곳은 그의 고향인 덴마크의 해안선이다. 뢴스트루프Lønstrup는 유틀란트반도 북쪽에 있는 옛 어촌 마을이다. 이곳의 새하얀 모래 해변에는 바람과 물결에 휩쓸린 잡동사니가 흩뿌려져 있다. 오늘날 마을 주민 상당수를 차지하는 유리 제조 장인과 예술가, 공예가는 이 해변에서 작업 원료를 얻는다. 중세에는 마을 사람들이 주로 거친 북해에 의지해서 생계를 꾸렸다. 당시에는 교구의 마루프Mårup 교회를 포함해서 마을 대부분이 바다에서 약 2킬로미터 떨어진 내륙에 안전하게 서 있었다. 그런데 이

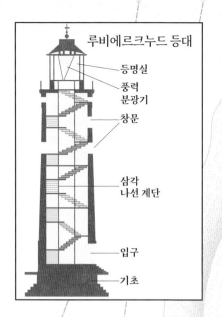

루비에르크누드 등대

- 등명실
- 풍력 분광기
- 창문
- 삼각 나선 계단
- 입구
- 기초

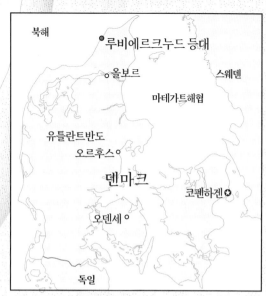

북해

루비에르크누드 등대

올보르

스웨덴

마테가트해협

유틀란트반도
오르후스

덴마크

코펜하겐

오덴세

독일

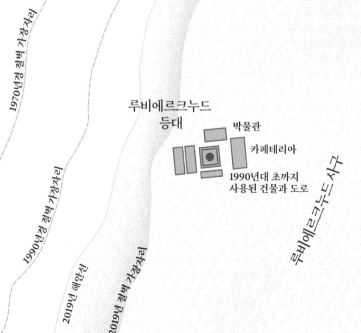

1970년경 절벽 가장자리

1990년경 절벽 가장자리

2019년 해안선

2019년 절벽 가장자리

루비에르크누드 등대

박물관

카페테리아

1990년대 초까지 사용된 건물과 도로

루비에르크누드사구

루비에르크누드 등대
(2019년에 이전)

N

0   50미터

어촌을 탄생시킨 바다가 탐욕스럽게도 수 세기 동안 마을의 충적 해안가를 집어삼키고 있다. 요즘은 해안 침식 때문에 해마다 토지가 약 3미터씩 사라진다. 2016년, 파도에 무너져가는 땅이 8미터도 채 남지 않자 아직 완전히 허물어지지 않았던 마루프교회는 바다에 빠지지 않도록 결국 철거되었다.

루비에르크누드Rubjerg Knude 등대도 마루프교회와 같은 길을 걸을 운명인 듯했다. 등대는 해안에서 딱 200미터 떨어진 륀스트루프 절벽에서 가장 높은 곳, 해발 고도 60미터 지점에 세워졌다. 높이 23미터짜리 등대는 1900년 12월에 처음으로 가스등을 밝혔다. 등대를 유지하고 운영하는 작업은 등대지기 세 명이 필요할 정도로 고됐다. 등대지기는 등대 맨 아래의 숙소에서 가족과 함께 지냈다. 이들은 매일 밤 관측실을 지키고 램프를 말끔하게 청소했을 뿐만 아니라 가스도 꾸준히 공급받고 시계의 태엽 장치도 세 시간마다 감아줘야 했다. 밤에 등불을 보고 날아왔다가 유리에 부딪혀 죽은 새를 치우는 일도 아침 일과였다. 아울러 이 불쌍한 새들의 수와 종에 관한 상세한 보고서도 매해 코펜하겐의 동물학박물관에 제출했다.

그런데 1950년대에 등대의 미래가 위태롭다는 사실이 분명해졌다. 바다가 해안선을 계속 갉아먹으면서 멀찍이 떨어져 있던 해변이 슬그머니 가까이 다가왔다. 그뿐만 아니라 해변의 모래가 내륙으로 더 깊숙이 날아왔고, 등대에 모래더미가 쌓이기 시작했다. 빗발치는 모래더미와 싸우기 위해 억센 갯보리를 심었지만, 아무 소용 없었

루비에르크누드 등대는 거의 70년 동안 운영되었으나 1968년에 폐쇄되었다.

다. 모래는 계속 밀려 들어왔다. 모래 언덕이 너무 높이 쌓여서 등대 불빛을 가리는 일도 잦아졌다. 더 손을 쓸 방법이 없었는지, 끝내 등대를 폐쇄한다는 결정이 내려졌다. 루비에르크누드 등대는 1968년 8월 1일에 마지막으로 빛을 비췄다. 건물 발치에 밀려드는 모래와 지역의 생태 위기가 새겨진 텅 빈 등대는 새로운 자연사박물관의 중심 전시관으로 쓰였다. 그런데 이 박물관도 직접 기록하고 증명하려는 자연의 힘에 굴복해 2002년 문을 닫고 말았다. 박물관은 모래 언덕 아래로 사라졌고, 눈에 보이는 것은 등대 꼭대기뿐이었다. 그러는 사이에도 등대 앞의 절벽은 계속 무너져내렸다. 종말이 거침없이 다가왔다.

2019년, 절벽 가장자리에서 겨우 몇 미터 떨어진 곳에 걸터앉은 등대가 향후 5년 이내에 완전히 사라질 듯하자 정부 자금을 들여서 등대를 보존하려는 계획이 마련되었다. 720톤이나 되는 루비에르크누드 등대는 수력으로 기단에서 들어 올려졌고, 내륙 쪽으로 70미터 더 옮겨졌다. 등대가 새 위치에서 앞으로 40년을 더 버틸 수 있기를 바랄 뿐이다. 하지만 이 유예 기간이 얼마나 길지는 아무도 보장할 수 없다. 크누트 대왕이 너무도 잘 알았듯이, 바닷물은 그 누구의 사정도 봐주지 않는 무자비한 힘이기 때문이다.

모든 것을
반대한 이의 최후

◉

사메자노성
이탈리아, 토스카나

사전에 'motto(모토)'는 '개인이나 가족, 조직의 신념이나 원칙, 성격을 요약한 간략한 문구'라고 설명되어 있다. 예를 들어서 미국 디트로이트 경찰의 모토는 "디트로이트를 살고 일하고 방문하기에 더 안전한 곳으로 만들자"이다. 영국 템스밸리의 법률 집행기관은 은근히 찬송가처럼 들리는 문구 "템스밸리에 평화가 깃들게 하소서Sit pax in valle tamesis"를 라틴어로 가슴과 공식 배지와 문장에 새기고 근무한다. 역시 고전적 취향을 품은 축구팀 에버턴 FC는 경기마다 "최고가 아니라면 아무것도 아니다Nil satis nisi optimum"를 약속한다. 미식축구팀 캐롤라이나 팬서스의 팬이라면 선수들이 경기에서 최소한 "계속 맹공격Keep Pounding"하리라고 기대할 것이다.

이 문구 가운데 그 어떤 것도 19세기 피렌체 귀족이자 예술 애호가, 건축가, 장서가, 식물학자, 지질학자, 기술자, 정치가인 페르디난도 판치아티키 시메네스 다라고나 후작(1813년~1897년)이 정한 가훈과 경쟁할 수 없다. 후작은 이렇게 자랑스럽게 선언했다. "모두가 우리를 반대한다. 우리는 모두를 반대한다Todos contra nos. Nos contra todos." 사실, 후작은 1840년경에 상속받은 사메자노 영지에 가훈을 기릴 기념비까지 세웠다. 그는 거의 50년 동안 토스카나의 관습을 거스르고, 예절과 역사성과 심지어 취향 같은 고상한 개념을 비웃는 화려한 아라베스크 양식의 성을 만들어나갔다.

사메자노는 피렌체 외곽에서 25킬로미터 정도 떨어진 레치오 근처의 행정 소재지다. 로마제국 시기부터 임자가 있는 땅이었고, 이미 중세에 신성로마제국의 샤를마뉴가 방문했을 때 환대를 베풀 만큼 으리으리한 요새가 있었다. 이후 사메자노 영지는 수많은 피렌체 귀족 가문의 손을 거쳤다. 그 가운데는 메디치 가문도 있다. 메디치 가문은 사메자노 영지를 호사스러운 사냥터로 삼았다. 그리고 1600년경, 토스카나의 대공 페르디난도 프리모 데 메디치가 세바스티아노 시메네스 다라고나에게 영지를 팔았다. 시메네스 다라고나는 포르투갈 혈통

사메자노성의 호화로운 디자인은 동양 건축에서 영향을 받았다.

성의 일부 공간에서는 여전히 복잡한 치장 벽토 장식을 볼 수 있다.

마르니아 하천

소치아나 교회

소치아나 농가 A
소치아나 농가 B

마르니아
클럽하우스

보르게토피렐리
농가

호텔
(절반 정도만 건축)

유적

휴게소

다리

사메자노성

69번 지방도로

정문 관리실

사냥꾼 오두막

쌍둥이
세쿼이아 나무

콰르타이오
농가

레치오

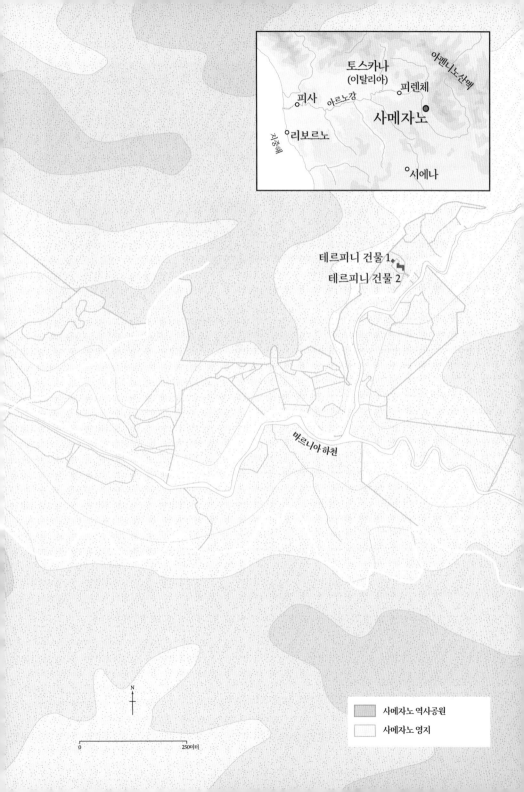

토스카나
(이탈리아)

아펜니노산맥

피렌체

피사   아르노강

사메자노

리보르노

지중해

시에나

테르피니 건물 1
테르피니 건물 2

마르니아 하천

N

0   250미터

사메자노 역사공원

사메자노 영지

웅장하게 장식되었던 많은 공간이 황폐해졌다.

의 부유한 지주 가문의 상속자였다. 훗날 페르디난도 판치아티키 시메네스가 물려받을 사메자노성을 처음 건설한 사람이 바로 시메네스 다라고나다.

페르디난도 판치아티키 시메네스 다라고나는 19세기의 르네상스인이었다. "세련되고, 복잡하고, 가만히 있지 못하는 성격"의 소유자로 일컬어지는 그는 예술과 학문을 몹시 애호했다. 더욱이 무한대에 가까운 재산 덕분에 미적·지적 변덕에 마음껏 탐닉했다. 대학에 다닌 적은 없지만, 다양한 학문을 공부하고 원예와 자연과학, 공학, 건축학 등 실용적 지식을 얻는 데 전념했다. 그는 물려받은 성과 187만 제

187만 제곱미터나 되는 성터에는 100종이 넘는 식물이 있다.

곱미터나 되는 부지를 사치스럽게 리모델링할 때 동양의 예술과 건축, 정원에 커다란 열정을 보였다. 어느 비평가가 "무어 양식에서 영감을 얻은 건축 판당고fandango(스페인의 3박자 무용, 유치한 행동을 가리키는 말로도 쓰인다-옮긴이)"라고 혹평한 사메자노성은 아랍과 무굴제국, 오스만제국의 영향을 다양하게 소개한다. 특히 인도의 타지마할과 스페인 그라나다의 알람브라 궁전을 뚜렷하게 참고했다. 어느 기록을 살펴보든, 페르디난도 후작은 인도나 튀르키예, 아라비아반도를 방문한 적이 없었다. 그는 자신의 방대한 도서관에 수집해놓은 장서 수백 권에서 찾아낸 설명과 스케치, 도면을 바탕 삼아 타일을 호화롭게 사용한 실내장식을 계획했다.

담으로 둘러싸인 뜰, 연못과 분수를 풍성하게 갖춘 대정원은 당시 유행하던 '이국적' 동양풍으로 꾸며졌을 뿐만 아니라 후작의 식물학 지식을 한껏 자랑했다. 사메자노의 대정원은 100종 이상의 다양한 식물을 품었다. 특히 거대한 세쿼이아 숲은 오늘날까지 이탈리아에서 가장 큰 규모로 인정받는다. 이 세쿼이아 나무의 원래 표본은 캘리포니아에서 특별히 수입해온 것이다.

후작은 리모델링이 마침내 끝나고 겨우 5년 만인 1897년에 세상을 떴다. 성은 1970년대에 결국 호텔로 개조되었다. 객실이 365개나 있어서 투숙객은 1년 동안 매일 밤 다른 스위트룸에 묵을 수 있었다. 그러나 안타깝게도 사메자노의 스위트룸을 이용하는 고객이 너무 적었다. 성과 부지를 유지하고 운영하는 비용이 곧 수입을 초과하기 시작했고, 1990년대 초 호텔은 문을 닫았다.

그 이후 성은 경매에서 최소한 두 번 낙찰되었다(가장 최근인 2017년에는 1350만 파운드에 팔렸고, 이 글을 쓰는 2021년 현재 다시 매물로 나왔다). 다행히도 수십 년 동안 일부 보존 작업이 이루어졌지만, 성은 대체로 텅 비어 있다. 성에는 수돗물이나 난방, 제대로 작동하는 화장실, 안전문 따위가 없다. 게다가 아직 사유지인 탓에 대중의 출입은 대개 금지되어 있다. 성을 완전히 부활시키는 것은 차치하고, 건물의 부식을 철저히 막는 데만 해도 어마어마한 자금이 들어갈 것이다. 하지만 토스카나에서 가장 인상적인 건축물 중 하나로 꼽히는 페르디난도 후작의 웅장한 아방궁을 지금처럼 비참한 상태로 방치한다면 커다란 비극이 될 것이다.

세상의 변화에서 끝내 도태되다

'책의 도시'에 남은
'붉은 군대'의 흔적

뷘스도르프
독일

뷘스도르프는 한때 소련 바깥에서 가장 규모가 큰 붉은 군대의 주둔지였다. 그에 걸맞게 도시는 지금도 레닌 동상을 두 개 품고 있다. 요즘에는 이 동상이 조금 쓸쓸해 보인다. 금이 가고 이끼로 뒤덮인 동상은 4만 명쯤 되는 군인들이 윤이 나게 닦인 바닥을 힘차게 오갔던 건물들, 그러나 1994년에 러시아군이 철수한 이후로 무너져가는 건물들을 지키고 서 있다. 군대 철수는 베를린 장벽의 붕괴와 독일 통일,

소비에트연방의 해체에 뒤이은 결과였다.

 뷘스도르프는 브란덴부르크주 초센에 있다. 베를린에서 남쪽으로 약 40킬로미터 떨어진 곳이다. 향긋한 솔숲에서 이름을 따온 이 목가적인 마을이 군사 문제와 인연을 맺은 시기는 19세기로 거슬러 올라간다. 새로 통일된 독일제국 군대의 프로이센 장교들은 1870년대에 이 지역의 호젓한 숲이 이상적인 사격 연습 장소라는 사실을 알아채고 뷘스도르프 인근 쿠머스도르프에 사격 훈련장을 설치했다. 1897년 뷘스도르프에는 베를린–드레스덴 노선 기차가 정차하는 역이 생겼고, 곧이어 정규 병영과 보병 학교도 들어섰다. 제1차 세계대전이 발발했을 때 뷘스도르프는 이미 유럽에서 가장 큰 군사기지 가운데 하나로 성장해 있었다. 전 세계적 충돌이 벌어지기 전에 카이저 빌헬름 2세가 독일 육군과 해군 규모를 대폭 증강한 덕분이었다.

 1914년 말, 연합군 측 포로(대체로 남아시아 세포이, 러시아와 조지아의 타타르족, 프랑스령 알제리의 아프리카인, 영국인과 아일랜드인)가 뷘스도르프에 수용되기 시작했다. 포로가 크게 늘자, 서부 전선에서 붙잡힌 인도인과 이슬람인 포로를 수용할 별도의 수용소도 지어졌다. 이슬람교도의 영적 욕구를 채워주기 위해 모스크까지 세워졌다. 수용소 신문《지하드El Jihad》도 발간해서 반영 선전에 힘썼다. 이 신문은《힌두스탄Hindostan》으로 제목을 달아 우르두어와 힌디어로도 발행했다. 그러나 포로들은 종전과 함께 해방되었고, 독일의 군사력은 베르사유조약에 따라 크게 감축되었다. 군대 규모가 10만 명으로 제한되고, 공군과 징

구소련 군대의 병영을 찍은 항공 사진이다. 전경에 레닌 동상이 보인다.

병제가 폐지되고, 전차가 금지되었으므로 빈스도르프 군사기지는 쓸모를 잃었다.

하지만 빈스도르프의 별은 나치 정권 아래서 다시 떠올랐다. 1935년, 히틀러가 휴전 협정을 정면으로 위반하고 제3제국 공군 창설을 승인했다. 바로 그해에 빈스도르프는 새롭고 대담해진 독일 공군의 본부가 되었다. 나치는 제2차 세계대전을 준비하며 빈스도르프에 지하 방공호와 터널의 정교한 네트워크를 구축했다. 방공호는 체펠린Zeppelin이라고 불리는 핵심 통신기지뿐만 아니라 군 고위 지휘부까지 수용했다. 이 지하 구조물의 입구와 출구 위에는 콘크리트로 가짜 시골집을 만들어서 전체 시설을 위장했다.

　1945년 4월, 소비에트의 붉은 군대가 뷘스도르프 기지를 점령했다. 이후 연합국 측이 독일을 분할 점령하면서, 독일 동부를 통제하던 소련군은 뷘스도르프 기지에 그대로 정착했다. 1949년에 연합국의 독일 점령이 끝나고 뷘스도르프는 공산주의 독일민주공화국의 땅이 되었지만, 완전히 러시아 영토나 다름없는 곳이었다. 동독 사람이 뷘스도르프 기지에 출입하려면 공식 허가가 필요했다. 당시 이 기지는 '금지된 도시Die Verbotene Stadt'로 불렸다. 둘레가 17킬로미터쯤 되는 콘크

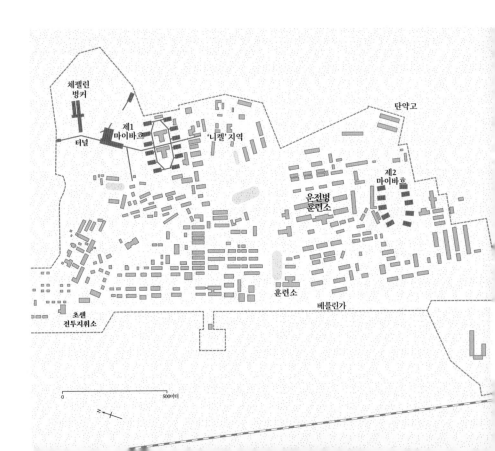

리트 장벽 안에는 러시아인 7만 5000여 명이 거주했다(군인뿐만 아니라 과학자와 의사, 행정관료, 기술자, 요식업자, 이들의 가족과 자녀까지 살았다). 거주민은 극장과 박물관, 영화관, 학교, 병원, 체육관, 올림픽 규격 수영장, 러시아 상품이라면 없는 게 없는 가게들을 이용할 수 있었다.

모스크바의 축소판과 다름없던 뷘스도르프의 주요 역할은 1960년대부터 베를린 장벽으로 대표되는 동독과 서방의 국경에 군사력을 제공하는 것이었다. 하지만 뷘스도르프도 1989년의 사건에서 벗어날 수 없었다. 베를린 장벽이 무너지고 5년도 채 되지 않아 러시아군은 서둘러 군사기지를 떠났다. 뷘스도르프 기지는 지역 주민 대다수가

그로서뷘스도르프해

한때 7만 5000명이 살던 건물은 이제 페인트가 다 벗겨진 채 텅 비어 있다.

속 시원히 떠나보내는 과거의 한 조각일 뿐이었다. 통일된 독일에서는 급히 예산을 쏟아부어야 할 사항이 많았기 때문에 뷘스도르프 군사기지는 아무 지원 없이 버텨야 했다. 이후 수십 년 동안 뷘스도르프에서는 사람도 자연도 미쳐 날뛰었다.

현재 기지 내 건물은 낡았지만, 부식을 어느 정도 막아놓은 상태다. 가장 중요한 일부 건물은 추가 손상을 막기 위해 봉쇄되었고, 다른 건물은 실제 주택으로 바뀌었다. 지난날의 어두운 사건들에서 벗어나려는 뷘스도르프는 '책의 도시'로 이미지를 새롭게 바꾸고 있다("책의 도시이자 벙커의 도시 뷘스도르프Bücherstadt und Bunkerstadt Wünsdorf"). 헌책방 마을로 유명한 영국의 헤이온와이를 본받아서 도서 박람회도 주최하고,

다양한 문학 행사와 전시도 연다. 그러나 이 도시에는 냉전 시기 시설들이 허물어진 채 서 있다. 태평한 공산주의 트랙터 기사들을 그린 소비에트 리얼리즘 벽화도 다 벗겨진 채 남아 있다. 냉전 유물들은 분단이라는 과거를 선명하게 일깨워줄 뿐만 아니라, 역사에 대한 본능적 감각을 추구하는 도시 탐험가와 밀리터리 마니아를 끌어모은다.

문명의 중심지를
굴복시킨 것

알울라
사우디아라비아

    고대 도시 알울라는 메디나에서 북서쪽으로 400여 킬로미터 떨어진 적색사암 사막 계곡에 있다. 경탄이 절로 나오는 사암 산봉우리를 품은 알울라는 데단Dedan이나 리흐얀Lihyan으로도 불렸다. 이 지역에는 신석기 시대에 인간이 처음 정착한 이래 놀라운 문명이 꾸준히 자리 잡았다. 비옥한 흙과 풍부한 샘물 덕분에 농업에 유리했기 때문이다. 원시 인류는 돌로 무덤을 세우고 동굴 벽에 염소 형상을 새기는 등

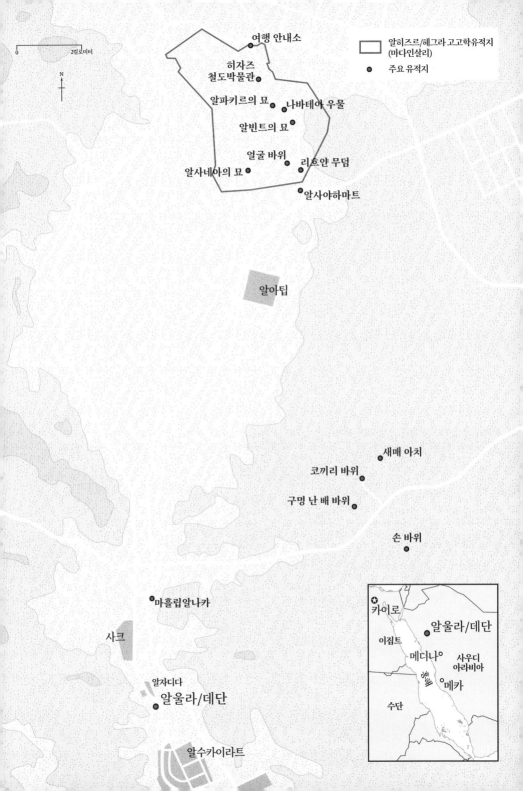

0   2킬로미터

N

알히즈르/헤그라 고고학유적지
(마다인살리)

주요 유적지

여행 안내소

히자즈
철도박물관

알파키르의 묘   나바테아 우물

알빈트의 묘

얼굴 바위   리흐얀 무덤

알사네아의 묘

알사야하마트

알아팁

새매 아치

코끼리 바위

구멍 난 배 바위

손 바위

마흘립알나카

사크

알자디다

알울라/데단

알수카이라트

카이로

알울라/데단

이집트

메디나   사우디
아라비아

메카

수단

지역 풍경에 흔적을 남기고 떠났다. 세월이 흐른 후에는 유향과 몰약을 거래하는 카라반이 야자수가 군데군데 서 있는 이곳의 오아시스를 지나다녔다. 카라반은 샤브와에서 가자, 부스라, 다마스쿠스까지 구불구불 이어지는 주요 무역로를 따라서 아라비아반도와 시리아, 이집트, 메소포타미아를 누비며 번영했다. 요즘의 석유만큼 수익성이 좋은 사업이었던 향료 교역 덕분에 알울라는 구약《이사야서》에도 언급되는 기원전 6세기 데단왕국의 수도로 성장했다.

데단 왕조는 리흐얀 왕조에 밀려났거나 흡수되었다. 리흐얀 사람들은 아카바만과 시나이 북부에서 레반트 지방까지 뻗어나간 제국을 건설했다. 로마제국의 역사가 대 플리니우스는 아카바만을 리흐얀만이라고 일컬으며 리흐얀 왕조가 이 일대에 미친 영향을 인정했다. 알

울라에서 리흐얀 기술자와 건축가는 대추야자와 다른 작물 농업에 물을 대는 급수 시설과 지하 수조 체계를 확장했고, 사원과 영묘, 공중목욕탕과 기타 공공 건물을 건설했다. 이런 건물은 대체로 조각상으로 장식되었다(왕, 사자, 사자처럼 생긴 왕 조각이 가장 인기 있었다). 그뿐만 아니라 신을 경배하고, 선행과 영웅적 모험을 이야기하고, 세금에 불평을 터뜨리는 것과 같은 그림과 문구로 건축물을 꾸몄다.

리흐얀왕국은 기원전 1세기경 나바테아왕국에 정복당한 것으로 보인다. 나바테아인은 원래 요르단의 유목민족이었으나 서서히 카라반 무역에 진출해서 약삭빠른 상인이자 농업인, 장인으로 변신했다. 나바테아왕국은 거대한 요새 도시 페트라를 불멸의 기념비로 만들었다(페트라 유적은 "시간만큼이나 오래된 장밋빛 도시"로 불린다). 그런데 이들

은 알울라에서 살짝 북쪽에 알히르Al Hiir 또는 헤그라Hegra(현재의 마다인 살리Mada'in Salih)라는 새로운 도시를 지었다. 나바테아왕국은 이 새 도시에서 주변 지역을 통과하는 향신료 교역을 통제했고, 더 유명한 수도에 있는 묘지에 못지않게 인상적인 공동묘지를 건설했다. 하지만 알울라를 거쳐간 옛 왕국과 마찬가지로 나바테아 역시 더 강한 존재 앞에서 물러나야 했다. 서기 106년경, 로마제국이 헤그라에 요새를 세웠다. 요새 유적은 건물 벽에 새겨진 라틴어와 함께 로마가 아라비아반도의 이 지역에 존재했다는 증거가 되어준다.

7세기에 이슬람교가 탄생하고 이슬람 제국이 부상하면서 알울라는 남쪽의 성스러운 도시 메디나로 가는 성지 순례의 중간 기착지가 되었다. 더불어 알울라는 기독교도가 방문할 수 있는 마지막 장소이기도 했다. 14세기 이슬람 탐험가이자 작가인 이븐 바투타는 순례 행렬이 알울라에서 나흘간 휴식한 다음 다시 거룩한 여정에 나섰다고 이야기했다. 바로 이 시기에 성벽으로 둘러싸인 도시의 토대가 놓였다. 도시에는 진흙 벽돌과 붉은 사암으로 지은 주택과 차양으로 그늘을 드리운 좁다란 거리가 생겨났다. 당시 도시의 기본 형태는 오늘날까지 거의 변함없이 남아 있다.

《아라비아 데세르타 여행》('아라비아의 로런스'로 불리는 T. E. 로런스가 숭배했던 책)을 저술한 영국 시인이자 모험가 찰스 다우티는 1876년에 알울라를 방문했다. 다우티는 알울라의 주택 건설 방식에 주목했다. 알울라에서는 현지 목재를 이용해서 들보를 얹었고, 사막 샘에서 자라는 야자수를 베어 와서 문을 만들었다. 아울러 그는 알울라 주민이 인근에 있는 더 오래되고 더 커다란 유적에서 석조 건물의 자재를 훔쳐 와 새로운 건물을 짓는 데 재활용했다는 사실도 관찰했다. 더욱이 알울라는 도시 전체가 역사책이나 다름없었다. 중세 이래로 이곳 주민은 진흙으로 세운 건물과 거리를 거듭해서 진흙을 덧발라 수리했다. 구불구불 이어지는 골목길을 들여다보면 알울라의 옛 모습을 슬쩍 확인할 수 있다. 하지만 폭우로 기반 시설과 지하 수조가 파괴되어 생활 여건이 어려워졌고, 현대 기준으로 볼 때 비위생적으로 변하기까지 했다. 결국 알울라 근처에 새로운 도시가 개발되었다. 1983년에 마지막 주민이 알울라를 떠났고, 2년 후 유서 깊은 알울라 모스크에서 마지막 예배가 열렸다.

이후 30년 동안 침묵이 알울라를 지배했다. 도시에 경의를 표하면서도 어쩔 수 없이 약간은 무관심한 침묵이었다. 옛 주민들은 그리운 친구나 친척의 무덤을 방문하듯이 이따금 고향을 찾아서 잘 있는지 확인했을지도 모른다. 그러나 누구든 알울라 성벽 안으로 감히 발을 들여놓는 사람은 사막의 태양 아래서 버려진 골목길을 홀로 헤매야 했을 것이다. 그런데 2018년, 이 유서 깊은 땅이 품은 비밀을 바깥 세상에 알리고자 이 지역의 사막 계곡 일대를 새롭게 발굴하는 작업이 시작되었다. 사우디아라비아 당국은 알울라 유적이 폼페이나 페트라 유적지와 경쟁할 만한 관광지가 될 수 있다고 평가한다.

'환희의 성채'가 맞은
인과응보

만두

인도, 마디아프라데시

    지리상 인도의 중심부이자 역사상 갠지스강 평원과 서부 해안을 잇는 무역로였던 말와는 한때 강력한 독립 공국이었다. 이 공국은 인도 독립에 뒤이어 1950년대에 마디아프라데시주에 편입되었다. 그 이전까지 수 세기 동안 말와의 수도는 빈디야산맥 끝자락에서 제멋대로 뻗어나간 산비탈 도시 만두였다. 성곽으로 둘러싸인 이 대도시는 방어력뿐만 아니라 사치와 향락으로 유명했다. 만두의 이슬람교도 주

기야드 샤가 15세기 말에 지은 자하즈마할 또는 선박 궁전.

민은 이곳을 '샤디아바드Shadiabad'. 즉 '환희의 성채'라고 불렀다.

  예상하다시피 만두의 정확한 기원은 몬순 장마가 만들어내는 안개만큼이나 짙은 불가사의와 전설에 푹 잠겨 있다. 굽이치는 나르마다강 강줄기와 만두고원을 내려다보는 만두의 요새에 관한 언급은 서기 6세기로까지 거슬러 올라간다. 이후 10세기에 파르마르Parmar(또는 파라마라Paramara) 왕조가 출현하며 만두의 전략적 중요성이 커졌다. 파르마르왕국은 말와를 포함해 인도 중서부 지역을 다스렸다. 먼저 우자인Ujjain에 수도를 건설했지만, 얼마 후 만두에서 북쪽으로 겨우 35킬

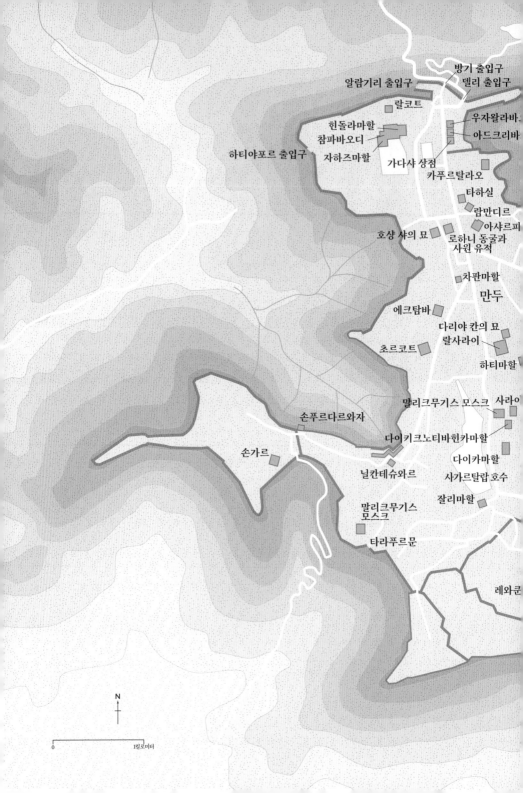

방기 출입구

델리 출입구

알람기리 출입구

랄코트

우자왈라바

아드크리바

힌돌라마할
참파바오디

자하즈마할

하티야포르 출입구

가다샤 상점

카푸르탈라오

타하실

람만디르

아샤르피

호샹 샤의 묘

로하니 동굴과
사원 유적

차판마할

만두

에크탐바

다리야 칸의 묘
랄사라이

초르코트

하티마할

말리크무기스 모스크

사라

손푸르다르와자

다이키크노티바힌카마할

손가르

다이카마할

닐칸테슈와르

사카르탈랍 호수

말리크무기스
모스크

잘리마할

타라푸르문

레와쿤

N

0   1킬로미터

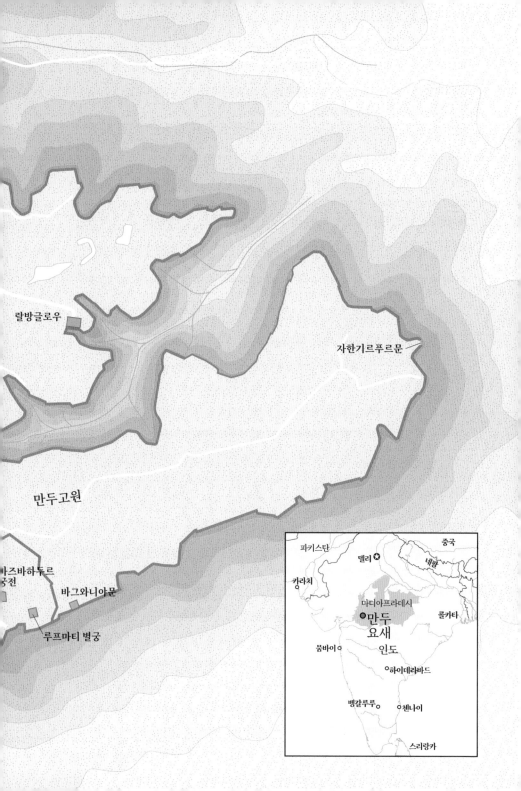

랄방글로우

자한기르푸르문

만두고원

가즈바하두르
궁전

바그와니야문

루프마티 별궁

파키스탄   델리 ✦   중국
                                네팔
캉라치

          마디아프라데시
                콜카타
          ●만두
          요새

뭄바이 ○   인도

          ○하이데라바드

뱅갈루루 ○   ○첸나이

          스리랑카

로미터 떨어진 다르Dhar로 천도했다. 그러자 부디문두Budhi Mundu('옛 문두'
라는 뜻)로 불리는 석조 요새를 중심으로 만두의 정착지가 11세기부터
급속히 성장하기 시작했다. 이 요새의 유적은 고대 사원, 성벽과 함께
만두고원의 서쪽 끝 빽빽한 삼림 속에 아직 서 있다.

　　만두에서 발견된 가장 오래된 유물 가운데 하나는 사라스와티
Saraswati 신상이다. 파르마르의 왕 보자Bhoja는 학문과 예술을 주관하는
이 힌두 여신을 가장 좋아했다. 이 시기의 힌두교 사원은 훗날 석재를
약탈당했고, 이 석재는 새로운 건물 다수를 짓는 데 쓰였다(말리크무
기스Malik Mughis 모스크가 가장 좋은 예다). 유명한 문즈탈라오Munj Talao 저수지
는 일대에서 '왕실 구역'으로 불리는데, 파라마르 왕조의 위인으로 꼽
히는 왕 문자Munja에게서 이름을 따왔다. 그러나 이 힌두 왕국은 1305
년에 멸망했다. 델리의 술탄 알라우딘 할지Alauddin Khalji의 군대를 이끄는
사령관 아인 알물크 물타니Ayn al-Mulk Multani가 파르마르 왕조의 마지막 왕
인 마할라카데바Mahalakadeva와 총리 고가데브Goga Dev의 군대를 궤멸시켰
다. 이 패배로 만두는 델리 술탄국의 영토가 되었고, 술탄이 임명한 이
슬람교도 총독이 말와 지방을 다스렸다.

　　한 세기 후, 변덕스러운 술탄 무함마드 빈 투글라크Muhammad Bin Tugh-
laq가 임명한 아프가니스탄 총독 딜라와르 칸 구리Dilawar Khan Ghuri가 말와
의 독립을 선언하고 스스로 왕위에 올랐다. 투글라크 왕조는 북쪽에
서 밀려온 몽골군의 공격을 받다가 내부에서 붕괴했다. 1404년에 구
리가 사망하자 아들 알프 칸Alp Khan이 말와의 왕좌를 물려받았다. '호샹

샤Hoshang Shah'라는 칭호까지 얻은 그는 27년 동안 말와를 다스렸을 뿐만 아니라, 수도를 다르에서 만두로 옮기고 야심만만한 건축 사업을 일으켰다. 대표적인 건물이 자미마시드Jami Masjid 모스크다. 다마스쿠스의 우마이야 모스크를 본떴다는 이 모스크는 우뚝 솟은 토대 위에 앉은 거대한 분홍빛 사암 건물이다. 알프 칸의 명령으로 건설되기 시작한 자미마시드 모스크는 왕이 세 번 바뀔 때까지도 완공되지 못했다. 더불어 아들 대에 완성된 알프 칸의 영묘는 인도 최초의 대리석 건물로 여겨지며, 타지마할에도 영향을 주었다고 한다.

이후로도 말와의 술탄들은 만두의 도시 경관에 자신의 흔적을 남기겠다는 충동에 사로잡혔다. 마흐무드 샤Mahmud Shah에 뒤이어 1436년에 술탄이 된 마흐무드 할지Mahmud Khalji는 이웃한 힌두 국가 메와르의 왕 라나Rana를 무찌르고 7층짜리 기념탑을 세웠다. 이 탑에 관해 믿지 못할 이야기가 하나 있다. 마흐무드 할지는 살집이 통통한 처첩은 누구든 이 탑 꼭대기로 올려보냈다고 한다. 탑의 수많은 계단을 오르는 가혹한 운동을 시키면 살이 빠지리라고 믿었기 때문이다. 이 이야기가 진실인지는 모르겠다. 어쨌거나 훗날 남근을 닮은 이 탑이 무너져서 오늘날 눈에 보이는 것이라고는 기단뿐이라는 사실을 보면 인과응보가 이루어진 듯하다. 1469년, 마흐무드 할지의 장남 기야드 샤Ghiyath Shah가 술탄의 자리에 올랐다. 기야드 샤는 아버지에게서 여자와 인상적인 건축을 향한 사랑을 그대로 물려받았다. 그는 다소 수상쩍기는 해도 안정적이었던 긴 치세 동안 방대한 하렘이 있는 호화로운 자하

만두의 여러 궁전 가운데 하나인 아쉬라피마할의 유적.

즈마할Jahaz Mahal(선박 궁전)을 지었다. 자하즈마할은 돔 지붕을 얹은 여러 파빌리온과 곳곳에 흩어진 테라스, 매혹적인 분수와 장식용 연못을 두루 갖추었다.

만두에 얽힌 전설 중 가장 낭만적인 동시에 비극적인 이야기는 말와의 마지막 독립 통치자 술탄 바즈 바하두르Baz Bahadur의 운명과 관련 있다. 바즈 바하두르의 궁전은 언덕 위에 서서 치유력이 있다는 나마다강이 흘러드는 신성한 레와쿤드 저수지를 굽어보았다. 그는 사랑하는 라니 루프마티Rani Roopmati를 위해 이 저수지를 넓히고, 강이 흐르는 골짜기의 장관이 내려다보이는 위풍당당한 누각을 세웠다. 소박하지만 아리따운 양치기였던 루프마티는 고운 노랫소리로 바하두르의 마음을 사로잡았다. 두 연인은 대체로 사치스러운 거처에 틀어박혀 서로를 탐닉하거나 음악과 시를 즐겼다. 그런데 말와의 술탄이 아름다운 루프마티에게 빠져 한때 철통같았던 만두 성채를 방비하는 데 허술해졌다는 소문이 무굴제국 악바르 대제의 귀에 들어갔다. 악바르는 루프마티와 만두 요새를 모두 손에 넣고자 군대를 보냈다. 바하두르는 어쩔 수 없이 달아났다. 그가 왕궁 창문 밖으로 밧줄을 던지고 엉금엉금 기어서 탈출했다는 말도 있다. 어쨌든 루프마티는 홀로 남겨졌다. 그녀는 악바르나 그의 부하들이 가할 끔찍한 모욕을 견디느니 독약을 마시고 자살하는 길을 선택했다.

무굴제국의 황제들은 만두를 아껴서 우기 때 경치 좋은 휴양지로 활용했던 것 같다. 우기 때면 무성하게 우거진 식물이 만두 전역에 망고와 타마린드 향기를 가득 채웠다. 하지만 만두는 말와 지방의 정치적·문화적 중심지 자리를 다르에 빼앗겼고, 예전과 같은 지위를 두 번 다시 누리지 못했다. 동인도회사의 상인 윌리엄 핀치는 17세기 초 자한기르Jahangir 황제의 재위 기간에 인도를 방문했다가 거의 폐허로 변한 만두를 보았다. 만두의 주요 성곽 너머로 거의 12.8킬로미터나 뻗어나갔던 근교 지역도 버려져 있었다. 본질상 폐허는 울적한 매력으로 사람들을 끌어당긴다. 하지만 만두에는 장난기 넘치는 옛 정신이 아직 머물러 있다. 신들과 영광과 지배 왕조의 욕망을 기리며 세워진 만두의 건물들은 다 허물어진 상태에서도 자연의 광채 속에서 생동감을 내뿜는다.

⟨007⟩ 속 그곳에는
아무도 없다

크라코
이탈리아, 바실리카타

크라코는 해발고도 300미터가 넘는 양질 점토와 바위 언덕 꼭대기에 들어선 중세 마을이다. 이제 아무도 살지 않는 크라코의 좁은 골목은 종교 영화 ⟨패션 오브 크라이스트⟩의 배경이 되어주었다. 공교롭게도 크라코는 존재했던 내내 성경에나 나올 법한 대재앙을 숱하게 겪었다. 크라코 주민은 흉년과 기근, 홍수, 지진, 산사태에 시달리다 대탈출에 나섰다. 1656년에는 전염병으로 수백 명이 숨졌다. 300

언덕 꼭대기의 유령 마을 크라코는 지진과 산사태 때문에 사람이 살 수 없는 곳으로 변했다.

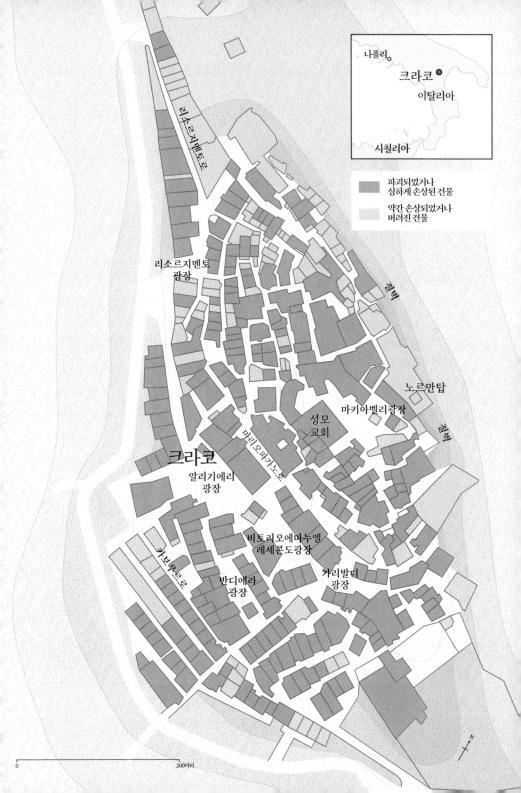

나폴리

크라코

이탈리아

시칠리아

■ 파괴되었거나
  심하게 손상된 건물

▨ 약간 손상되었거나
  버려진 건물

리소르지멘토로

리소르지멘토
광장

절벽

노르만탑

마키아벨리광장

성모
교회

크라코

알리기에리
광장

마리오파가노로

비토리오에마누엘
레세콘도광장

카보우르로

반디에라
광장

가리발디
광장

절벽

0   200미터

년 후인 1963년에는 무시무시하게 격렬한 지진이 크라코를 강타했다. 결국, 마지막 남은 주민 1800여 명이 10분 거리의 이웃 계곡에 특별히 지어진 마을 크라코페스키에라Craco Peschiera에 정착하기 시작했다.

1970년대 말이 되자 크라코의 골목길에 완전한 정적이 내려앉았다. 겨우 몇 해 전만 해도 목수와 구두장이의 망치질 소리(이들은 유서 깊은 전통에 따라서 가게 바깥의 환한 공간에서 일하는 편을 더 좋아했다)와 마을 샘물에서 물을 길어 돌아가던 아낙네의 목소리가 울려퍼졌지만, 이제 전부 사라졌다. 인간은 적어도 8세기부터 크라코에 거주하기 시작했다. 아마 그보다 훨씬 이전인 철기 시대에 그리스 출신 정착민이 이곳을 건설했을 것이다. 크라코에 아직 서 있는 건물 가운데 가장 오래된 것은 노르만인이 1040년에 지은 요새다. 하지만 지금 이곳에는 인간의 삶이 전혀 없다. 장엄한 저택 등 무너지고 텅 빈 건물 잔해를 샅샅이 뒤져서 대리석과 목재 따위를 훔쳐 가는 도둑들만 이따금 있을 뿐이다.

크라코는 부츠 모양의 이탈리아반도 남부에서 굽이 아치 모양으로 쑥 들어간 타란토만에서 40킬로미터가량 떨어진 내륙에 있다. 이 마을은 남쪽의 아그리강 계곡과 북쪽의 카보네강 사이 전략적 위치에 자리 잡은 덕분에 중세부터 번영했다. 12세기와 13세기에 아그리강은 배로 항해할 수 있는 강이었다. 언덕 높은 곳에 터를 잡고 강 주변 들판에서 밀을 풍성하게 거두어들이던 크라코는 봉건시대의 농업 도시 겸 군사 정착지로 성장했다. 절벽 꼭대기에 지어진 성은 여전히 주변 풍경에서 가장 두드러진다. 사방이 훤히 내다보이는 성에서는 멀리까지 살펴보며 해안이나 내륙에 숨어 있을 침입자를 발견할 수 있었다. 마을의 수호성인 성 니콜라우스에게 바친 성당 하나와 다양한 종교, 상업, 교육 시설을 갖춘 크라코에서는 인구도, 재산도 16세기까지 계속 늘어났다. 16세기에는 크고 우아한 광장도 네 곳이나 만들어졌다. 그런데 19세기가 저물어갈 무렵, 크라코 농민은 갈수록 소출이 줄어들다가 끝내 씨를 뿌리거나 가축을 풀어놓을 수도 없게 척박해진 땅을 버려야 했다. 기근이 닥치자 주민들은 이민을 선택했다. 대개 미국으로 떠났지만, 일부는 브라질과 아르헨티나로 향했다. 크라코의 주민은 1921년까지 대략 1040명으로 크게 줄었다. 이민에 제한이 생기는 바람에 제2차 세계대전이 터지기 전까지는 탈출 행렬이 잦아들었지만, 1933년의 지독한 산사태는 크라코의 수명이 얼마 남지 않았다고 조기 경보를 알렸다.

전쟁이 끝나자 젊고 똑똑한 세대가 더 나은 일자리를 찾아서 이탈리아 북부의 공업 도시들로 떠났다. 이들도 고향 땅 바실리카타Basil-icata의 원초적이고 숨 막히게 아름다운 풍경을 열렬히 사랑했으나, 이주를 포기할 수는 없었다. 고향에 남기로 선택한 이들도 있었지만, 발 아래 땅이 위태롭게 흔들리면서 대피는 피할 수 없는 현실이 되고 말았다. 하지만 무너져내리는 바위 위의 마을이 간직한 아름다움은 프란체스코 로시의 호평받은 영화 〈그리스도는 에볼리에서 멈추었다〉 덕분에 1979년에 처음으로 바깥세상에 알려졌다. 로시는 반파시스트

예술가 카를로 레비가 1930년대에 이 지역에 망명해 생활했던 이야기를 다룬 이 작품을 크라코와 그 주변에서 촬영했다.

로시의 영화로 크라코가 널리 알려졌지만, 이곳의 오래된 건물이 더 퇴락하는 것을 막으려는 조치는 수십 년 동안 거의 없었다. 이 지방에서는 새로운 마을 크라코페스키에라를 유지하는 문제가 더 시급했을 것이다. 이탈리아가 다른 지역을 개발하는 데 집중하는 동안 곁가지로 밀려나 있었던 크라코는 한때 중요하고 번성했으나 지금은 허물어져가는 마을의 상징이 되었다. 하지만 영화 산업은 크라코에 꾸준히 관심을 기울였다. 특히 2008년 제임스 본드 영화 〈007: 퀀텀 오브 솔러스〉의 일부 장면이 크라코에서 촬영된 이후 이곳에서 가장 중요한 건축물 일부를 보존하거나 복원하려는 노력이 새롭게 시작되었다. 크라코가 다시 주거 지역이 되기에는 지질학적으로 너무나 불안정하며 지진과 산사태가 일어날 위험도 여전히 크다. 하지만 크라코는 커다란 스크린 속 배경으로 꾸준히 등장하며 역사적 관심과 문화 활동의 무대라는 제2막을 즐기고 있다.

이 땅에선 오직
죽음만이 현실이다

그렌게스베리

스웨덴

산업 강국은 대체로 예쁘고 아기자기한 풍경을 보여주지 않는다. 이런 나라가 품은 아름다움은 보통 두려움이 깃든 경외심이나 낭만주의의 숭고 개념이 고취하는 전율을 불러일으킨다. 하지만 스웨덴 중남부의 베리슬라겐Bergslagen 지방은 넋을 잃을 만큼 매력적이다. 녹음이 우거진 숲과 아름답게 색칠한 목조 건물이 가득한 이곳은 한때 유럽 전체 철의 4분의 1을 생산한 공업의 요람이었다. 알프레트 노벨의 강

1890년 그렌게스베리에서 진행 중인 철광석 채굴. 이 광산은 100년 후에 문을 닫았다.

1900년 그렌게스베리의 광부들.

노르웨이

핀란드

그렝게스베리●

★ 스톡홀름

스웨덴

에스토니아

예테보리。

북해

발트해

라트비아

덴마크

리투아니아

말뫼

러시아

독일

폴란드

구드문드베리에트

화닝언호

스포르토르프

스포르토르프

학교 식당

광산 사무소

관리인 숙소

수직 갱도

캐슬 하우스(캐슬 노동자기금)

그렝게스베리

외른토르프

차고

영상 기록보관소

광산 박물관

중앙 수직 갱도

헬켄토르프

철도 박물관

오리에켄호

박물관

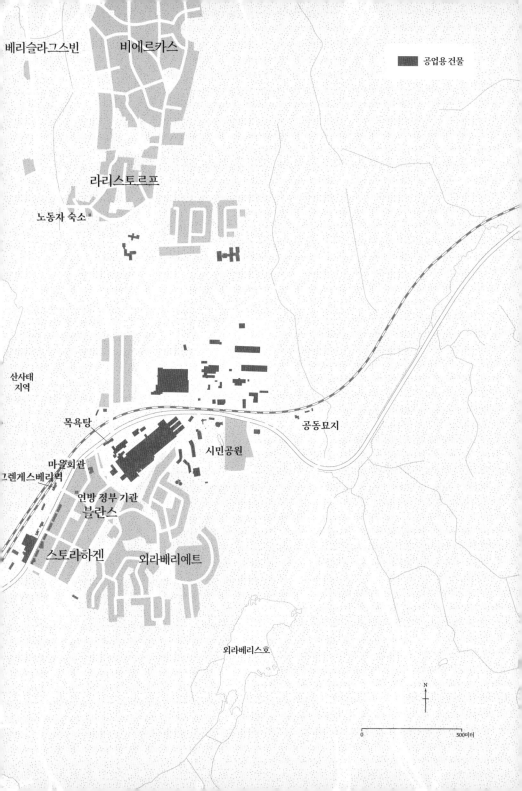

베리슬라그스빈   비에르카스

라리스토르프

노동자 숙소

공업용 건물

산사태
지역

목욕탕   공동묘지

마을회관   시민공원
그렌게스베리역

연방 정부 기관
블란스

스토라하겐   외라베리예트

외라베리스호

N

0   500미터

력한 다이너마이트를 만드는 공장도 이곳에 있었다. 이 지역의 암석층에는 비금속과 철광석이 풍부하다. 광물은 중세 말에 처음 채굴되었고, 철광석을 제련해서 철을 추출하는 데 쓸 목탄을 만들기 위해 숲도 널리 개간되었다. 가장 풍부한 철광석층은 스톡홀름에서 남쪽으로 대략 200킬로미터 떨어진 그렌게스베리에서 발견되었다. 그렌게스베리는 수백 년 동안 금속 제품을 남쪽으로 보내서 소와 거래했다. 19세기 후반, 발트해 연안의 옥셀뢰순드Oxelösund에 전 세계, 특히 독일로 철광석을 수출하는 새로운 항구가 건설되면서 광산 산업이 크게 성장했다. 베리슬라겐 지방의 다른 광산 도시들과 그렌게스베리를 연결하는 철도도 이때 생겨났다. 이 개발에 자금을 지원한 사람은 독일 태생의 영국 은행가 어니스트 캐슬 경이었다.

　사업 감각이 비상했던 캐슬은 막대한 재산을 쌓았고, 영국 왕세자(훗날 영국 왕 에드워드 7세가 된다)의 신임을 얻어 추밀원에도 들어갔다. 더욱이 캐슬의 손녀사위인 영국 귀족 루이스 마운트배튼 경은 마지막 인도 총독이었을 뿐만 아니라 우연히도 스웨덴 루이즈 여왕의 동생이었다. 캐슬은 이집트에서 아스완댐 건설에 자금을 지원하고 이집트 국립은행을 설립하여 큰돈을 벌었다. 동시에 광범위하고 수익성 좋은 사업을 남아메리카와 서아프리카, 스웨덴의 광산업과 철도로 확대했다. 이후 그는 스웨덴 광산의 지분을 모두 팔아서 7000만 크로나라는 어마어마한 돈을 벌었다.

　이 사건은 '스웨덴 광산업계에서 가장 대단한 거래 가운데 하나'

로 꼽힌다. 이 거래 직전인 1896년, 캐슬은 그렌게스베리의 광부를 위한 기금으로 25만 크로나를 기부했다. 이 기부금은 위풍당당한 콘서트홀과 대출도서관, 예술회관을 짓는 데 대부분 사용되었다. 스톡홀름을 기반으로 활동하는 건축가 아우구스트 린데그렌이 설계한 이 건물들은 공용 주방과 대중목욕탕, 세탁실 등 여러 편의시설을 자랑하는 공원에 들어섰다.

캐슬의 이름을 딴 콘서트홀은 오늘날에도 여전히 건재하다. 1990년에 문을 닫은 광산보다 더 건재하다고 말할 수 있을 것이다. 수직 갱도가 덮여서 막히고 광석을 나르던 장비가 전부 사라진 지금, 300년 넘게 그렌게스베리를 지탱했던 산업의 증거는 거의 찾아볼 수 없다. 요즘 그렌게스베리에서는 다 허물어지고 판자를 덧대어 막아놓은 주택들이 더 눈에 띈다. 광부 가족이 살았던 이 집들은 일자리를 찾아 다른 지역으로 떠날 수밖에 없었던 집단 이주를 보여주는 음울한 증거다.

광산 폐쇄 이후 그렌게스베리에서 이어진 활동 가운데 유별난 일이 하나 있으니, 바로 '감록켄Gamrocken'이라는 음악 축제다. 그렌게스베리는 해마다 이틀간 데스메탈과 블랙메탈 축제를 9년 동안 주최했다. 바미토리Vomitory와 다이어볼리칼Diabolical 같은 거물 밴드가 열광하며 머리를 흔들어대는 군중 앞에서 연주했다. 그런데 2019년, 감록켄 주최 측은 "오직 죽음만이 현실이다ONLY DEATH IS REAL"라는 제목의 자료를 발표하며 재정난을 호소했다. 그 해에 감록켄 축제는 예정대로 진행되었

녹이 슬어버린 낡은 기차는 그렌게스베리에서 광산업이
호황을 누렸다는 사실을 알려주는 몇 안 되는 증거다.

지만, 끝내 그렌게스베리는 헤비메탈을 기반으로 한 산업까지 잃고

말았다.

마이클 잭슨이 찾던 스튜디오에 음악 대신 사이렌 소리만

◉

플리머스
서인도제도, 몬트세랫

1980년대 록 음악과 팝 음악의 팬이라면 몬트세랫Montserrat이라는 지명이 친숙할지도 모른다. 이 지명은 지도보다는 수많은 히트 앨범의 음반 커버에서 더 자주 발견할 수 있었다. 물론, 영국의 해외 영토인 몬트세랫은 1493년 콜럼버스의 제2차 신세계 항해 이후로 유럽의 해도에서 빠짐없이 등장했다. 몬트세랫은 면적이 100제곱킬로미터에 불과한 작은 섬으로, 안티가Antigua 섬에서 55킬로미터 떨어져 있다. 콜럼버스는 몬트세랫을 그저 지나쳐갔고, 17세기 초반 올리버 크롬웰의 식민 지배를 피해 달아난 아일랜드 가톨릭 이민자가 이 섬에 정착했다. 하지만 1666년, 영국이 점령하고 자국 영토로 선언했다. 이후 수백 년 동안 영국은 아프리카에서 몬트세랫 플랜테이션으로 노예를 끌고 와서 주요 환금작물인 사탕수수를 재배하는 데 부렸다. 이 관행은 1834년에 노예제가 폐지될 때까지 이어졌다. 그리고 거의 150년 후인 1979년, 몬트세랫에 AIR 스튜디오가 생겨났다. 비틀스의 프로듀서 조지 마틴이 만든 세계 최고의 녹음 스튜디오 중 한 곳이다.

애로우와 앨튼 존, 마이클 잭슨, 듀란듀란, 폴리스, 다이어 스트레이츠 같은 가수가 최첨단 장비와 열대 낙원에 가까운 주변 환경에 매료되어 AIR을 찾았다. 다이어 스트레이츠가 이곳에서 녹음한 앨범 〈브라더스 인 암스Brothers in Arms〉는 오늘날까지 3000만 장 넘게 팔렸다. 1989년 봄에는 롤링스톤스가 앨범 〈스틸 휠즈Steel Wheels〉를 제작하러 몬트세랫에 도착했다. 이 앨범은 AIR에서 녹음한 마지막 음반 가운데 하나가 되고 말았다. 그해 9월, 허리케인 휴고Hugo가 몬트세랫을 참혹하게 망가뜨렸다. 휴고는 카리브해의 이 지역에서 100년에 한 번 있을까 말까 하는 최악의 허리케인으로 꼽힌다. 11명이 숨졌고, 3000명 이상이 집을 잃었다. 몬트세랫의 건물 중 최소 85퍼센트가 태풍에

수프리에르힐스 화산이 분출하기 전에는
몬트세랫섬 전역에 사람이 거주할 수 있었다.

카리브해

실버힐

데이비힐
제럴즈
룩아웃
브레이즈
세인트존스
쿠조헤드
세인트피터스
우들랜즈

대서양

센터힐스
몬 트 세 랫

올브스톤
팡강
올드타운
세일럼
AIR 스튜디오
해리스빌리지
베설빌리지
벨람강
몰리뉴빌리지
파깃강
코크힐
델빈스빌리지
다이어스빌리지

리치먼드힐
포트갓강
수프리에르힐스
정부청사
병원
캐슬픽
챈스픽
윌리스 분화구
법원
총독 관저
골웨이스픽
플리머스
스프링갓강
킹고스갓강
킨세일
화이트강
사우스
수프리에르
힐스
킹고스빌리지

세인트패트릭스
슈터스힐

W.H.브램블 공항

푸에르
토리코
앵귈라
대서양
버진아일랜드
바부다
세인트키츠네비스
몬트세랫
안티가
과들루프
도미니카
마르티니크
세인트
루시아
세인트빈센트
그레나딘
바베이도스
카리브해
그레나다

N

0   2킬로미터

출입 금지 구역으로 설정된 플리머스는 수프리에르힐스 화산이 뿜어낸
재와 진흙에 뒤덮여 있다. 화산은 사진 배경에 보인다.

파괴된 것으로 추산된다. 시속 225킬로미터나 되는 강풍과 폭우, 산
사태로 걷잡을 수 없이 흘러내리는 진흙더미가 수많은 건물을 통째로
휩쓸어버렸다. 수도와 전기, 전화 서비스도 몇 주 동안 중단되었다. 섬
을 예전 모습으로 되돌리는 데에는 대규모 국제 구호 활동이 필요했

다. AIR도 완전히 무너지지 않았지만, 돌이킬 수 없는 피해를 보았다. 조지 마틴은 피아노 뚜껑을 들어올렸다가 건반에 곰팡이가 잔뜩 핀 모습을 보고 스튜디오가 완전히 끝장났다는 사실을 깨달았다고 한다.

몬트세랏은 회복했지만, 불행히도 더 끔찍한 상황이 닥쳐왔다. 1970년대 말에 AIR 스튜디오를 이용했던 최초의 음악가 중에는 지미 버핏도 있었다. 이 싱어송라이터는 몬트세랏에서 지내는 동안 섬의 휴화산 수프리에르힐스Soufrière Hills에 마음을 빼앗겼다. 결국 버핏은 후속 앨범 〈볼케이노Volcano〉의 대표곡에서 이 화산을 노래했다. 그런데 1995년 7월 18일, 350년 동안 잠들어 있던 수프리에르힐스가 폭발했다. 녹아 흐르는 용암이 섬의 남쪽 절반으로 퍼졌고, 화산재가 공중에 자욱하게 끼었다. 한 달 후, 더 격렬한 두 번째 분출이 일어났다. AIR 스튜디오에서 약 5킬로미터 떨어진 수도 플리머스는 두꺼운 화산재에 덮였고, 4000명쯤 되는 플리머스 주민 전체가 대피해야 했다.

잠시 잠잠해진 화산은 1997년 7월 25일에 훨씬 더 강력한 힘으로 몬트세랏을 뒤흔들었다. 19명이 곧바로 죽었고, 8월 내내 추가 분출이 잇따르면서 플리머스 전역이 1.4미터나 되는 화산재 더미에 파묻혔다.

카리브해

대서양

실버힐

데이비힐
체럴즈
존A.오스본 공항
록아웃
세인트존스

블레이즈
쿠조헤드
세인트피터스

우들랜즈

올브스톤
올드타운
세일럼
뺄럼강
AIR 스튜디오
센터힐스

남쪽 출입 금지 구역 경계
버려진 공항
팜강

몬 트 세 랫

코크힐
(버려짐)

주간 출입 가능 지역

피자강

포트짓강
수프리에르힐스
잉글리시 분화구

플리머스
(버려짐)
스프링겟강

킹고스치강

화이트강
사우스
수프리에르
힐스

N

0   2킬로미터

용암돔
화산쇄설류
화쇄난류

몬트세랫의 북단만 맹렬한 화산 쇄설류를 피할 수 있었다. 이후 수프리에르힐스 화산(여전히 전 세계에서 가장 활발하게 활동하는 화산으로 꼽힌다) 주변으로는 출입 금지 구역이 설정되었다. 아직도 연기가 피어오르는 섬의 남쪽 절반도 접근 금지 구역이다. 그런데 2010년, 이 구역에서 모래 채굴이 시작되었다. 더욱이 화산에서 거의 무한대로 생산되는 지열 에너지를 활용할 가능성을 두고 커다란 희망이 생겨났다. 몬트세랫을 완전히 파괴할 뻔했던 수프리에르힐스가 어쩌면 몬트세랫의 구세주로 드러날지도 모른다.

하지만 '카리브해의 폼페이'라는 별명이 붙은 플리머스가 조만간 부활할 것 같지는 않다. 두꺼운 화산재와 화산석으로 덮인 플리머스에서는 가장 높은 건물의 짓이겨진 지붕들만 보인다. 주변 공기는 역한 유황 냄새를 분명히 머금고 있다. 그런데 출입이 금지되고 사람이 절대 살 수 없는 플리머스는 아직 몬트세랫의 공식 수도로 남아 있다. 다만 몬트세랫 정부는 현재 북서부 해안의 브레이즈Brades로 피신했고, 리틀베이Little Bay 근처에 새로운 수도를 건설하는 중이다.

AIR 스튜디오는 출입 금지 구역의 경계에 있다. 스튜디오 건물 일부는 진흙과 화산재에 먹히고 말았다. 열대 식물도 건물을 집어삼켰고, 말벌까지 들끓는다. 대중문화의 역사에서 신성한 이 장소를 방

1995년과 1997년 사이 수프리에르힐스 화산의 분출로 섬이 파괴된 정도를 확인할 수 있다. 출입 금지 구역 내에 있는 섬의 남쪽 절반은 접근이 제한되어 있다.

문하는 일은 확실히 위험해졌다. 요즘 AIR에서 가장 흔하게 들리는 소리는 소카soca(소울과 칼립소가 융합한 음악 장르-옮긴이)와 펑크, 레게, 팝, 로큰롤의 타악기 리듬이 아니라 수프리에르힐스에서 규칙적으로 경보 해제를 알리는 사이렌 소리다. 조지 마틴의 스튜디오에서 제작된 소리와 비교하자면 조금 단조롭지만, 몬트세랫 주민은 아무리 들어도 질리지 않을 것이다.

세계에서 가장 부유했던
모래사막

◉

콜만스코프
나미비아

남아프리카 나미비아의 해안은 길다. 북쪽에 있는 앙골라 근처의 쿠네네강 어귀에서 남아프리카공화국 국경지대에 흐르는 오렌지강의 어귀까지 장장 1500킬로미터 넘게 이어진다. 포르투갈과 네덜란드의 탐험가, 미국의 포경선 선원, 독일 식민지 개척자가 몸소 겪었듯이, 이 해안은 육로나 해상으로 이동하는 사람에게 몹시 무자비하다. 나미비아 해안선은 모래 먼지를 쉴 새 없이 날려 보내는 나미브사막의 건조한 평원을 수백 킬로미터나 짊어지고 있다. 이곳에서는 끝없이 이동하는 모래·자갈 언덕과 울퉁불퉁한 곳, 톱니처럼 들쭉날쭉한 절벽, 바위투성이 암초도 두드러진다. 범선으로 항해하던 시절이든 그 이후든, 이 해안에는 먼바다를 돌아다니는 배가 안전하게 휴식할 곳이 거의 없다. 특히 북부 해안은 바람이 강하고, 안개가 심하고, 조류가 위험천만하게 역류해서 19세기에 뱃사람들의 무덤으로 유명했다. 해골 해안the Skeleton Coast이라는 지명도 한때 해변에 어지럽게 흩어져 있던 유골들 탓에 생긴 이름이다. 대체로 대서양에서 사냥당한 고래와 물개의 뼈였지만, 이곳에서 재난을 맞은 수많은 선박에서 나온 인간의 뼈도 많았다. 목숨을 부지해서 뭍으로 올라간 선원들은 민물도, 먹을 수 있는 것도 달리 없다는 사실을 깨닫고 헛되이 식량을 찾아 해안 사막을 떠돌다가 죽었다. 나미비아에는 항구도시가 월비스베이Wal-vis Bay와 뤼데리츠Lüderitz 두 곳뿐이다. 월비스베이는 전체 해안에서 대략 중앙쯤에 있다. 훨씬 더 남쪽에 있는 뤼데리츠는 범선과 선원이 그나마 머무를 만한 자연 항구에 생겨났다. 사실, 뤼데리츠의 원래 이름은 포르투갈인이 지은 '앙그라페케나Angra Pequena', 즉 작은 만이었다. 1883년, 브레멘의 담배 상인 아돌프 뤼데리츠가 나마족 추장 조지프 프레더릭스와 수상쩍은 거래를 맺었다. 이와 함께 독일제국은 이 작은 만의 항구와 반경 8킬로미터 이내 나마족 땅을 차지하고 식민지로 삼았다. 이후 은과 구리, 바닷새 배설물이 굳어서 생긴 천연비료 구아노 같은 현지 광물자원의 잠재력 덕분에 항구가 확장되기 시작했다.

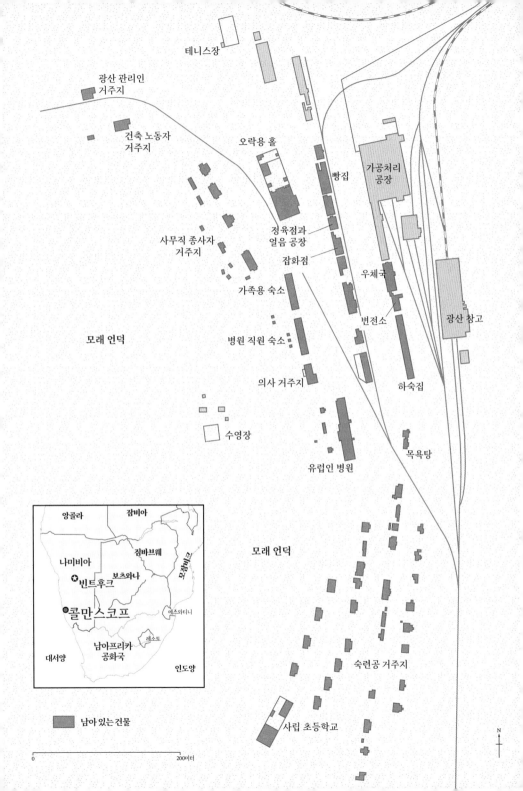

테니스장

광산 관리인
거주지

건축 노동자
거주지

오락용 홀

빵집

가공처리
공장

사무직 종사자
거주지

정육점과
얼음 공장

잡화점

우체국

가족용 숙소

변전소

광산 창고

모래 언덕

병원 직원 숙소

의사 거주지

하숙집

수영장

목욕탕

유럽인 병원

앙골라   잠비아

짐바브웨

나미비아   보츠와나

★ 빈트후크

모잠비크

◉ 콜만스코프

에스와티니

남아프리카
공화국

레소토

대서양   인도양

모래 언덕

숙련공 거주지

사립 초등학교

남아 있는 건물

0   200미터

N

한때 콜만스코프에는 다이아몬드 채취 인부로 바글거렸지만,
이제는 해마다 관광객 몇천 명만 찾아올 뿐이다.

사실상 아무 데도 아니었던 이 지역에 사람들이 몰려든 이유는
다이아몬드였다. 뤼데리츠에서 살짝 더 내륙으로 들어간 콜만스코프
Kolmanskop에서 철도 노동자 자카리아스 르왈라가 선로를 비질하다가 우
연히 반짝거리는 돌멩이를 발견했다. 콜만스코프라는 이름은 남아프
리카 태생의 백인 쟈니 콜만에게서 따왔다. 도보나 소달구지로 이동
하는 초기 아프리카 여행자였던 콜만은 이 황량한 곳을 지나다가 소
달구지가 모래더미에 빠져서 꼼짝 못 했던 듯하다.

1910년대가 되자 콜만스코프는 전 세계 다이아몬드 총생산량의
10퍼센트 이상을 공급하며 세상에서 가장 부유한 마을 중 한 곳으로

버려져서 다 허물어진 주택 내부.
콜만스코프 전역을 잠식한 모래더미에 뒤덮여 있다.

성장했다. 뤼데리츠도 다이아몬드 무역을 뒷받침하며 번창했다. 다이
아몬드가 어찌나 많았던지, 당시 찍힌 사진을 보면 사람들이 과일을
따듯 모래에서 다이아몬드를 줍는 모습도 확인할 수 있다. 이처럼 다
이아몬드를 줍는 사람들은 대개 오밤보족 계약직 노동자였다. 이들은
노예 노동이나 다름없는 조건으로 고되게 일했고, 호황기의 전리품을
거의 누리지 못했다. 특히 독일 당국이 나미비아의 다이아몬드 채굴
지대를 제한 구역으로 설정하고 시굴권을 국영 기업 연합다이아몬드
광산회사Consolidated Diamond-Mining company(CDM) 단 한 곳에만 내어주면서 이
런 상황이 악화했다.

그 사이에 콜만스코프는 독일 도시의 과시적 요소를 남부럽지 않게 두루 갖추고 번영했다. 1920년대 전성기에는 체육관과 수영장, 잘 꾸며놓은 주택, 학교, 콘서트홀, 우체국, 공공 건물, 빵집부터 정육점까지 번성하는 상업 시설, 현대식 시설을 완비한 병원을 자랑했다.

그런데 몇 년 지나지 않아서 콜만스코프의 다이아몬드 매장량이 바닥났다. 더 남쪽 오라녜문트Oranjemund에서 훨씬 더 풍부한 광상이 발견되었고, 대규모 이주는 불 보듯 뻔한 일이 되었다. 1943년에 CDM이 본사를 오라녜문트로 옮겼고, 1956년에 콜만스콜프의 수명은 완전히 끝장났다. 끝없이 움직이는 나미브사막의 모래 언덕이 사람이 떠나버린 공간을 메웠다. 그러나 요즘 콜만스코프는 버려진 장소 중 가장 낯익은 곳이 되었다. 모래가 가득 찬 알프스 양식 건물들의 사진이 널리 퍼진 데다, 호주 밴드 테임임팔라의 2020년 앨범 〈슬로 러쉬 The Slow Rush〉 재킷에 콜만스코프 사진이 실린 덕분이다. 콜만스코프는 공식적으로 일반인이 접근할 수 없는 다이아몬드 광산 구역인 스페르그비트에 남아 있지만, 해마다 3만 5000명쯤 되는 관광객이 버스를 타고 찾아온다. 콜만스코프는 나미비아 풍경에 살바도르 달리의 작품처럼 초현실적인 분위기를 더해준다. 그 무엇도 이 느낌을 앗아가지 못할 것이다.

에디슨의 꿈이
묻혀 있던 곳

케니컷

미국, 알래스카

영어권 사람들은 창의적인 생각이 번뜩이는 순간을 '전구가 번쩍 켜지는 순간light bulb moments'이라고 표현하곤 한다. 전구를 발명한 토머스 에디슨도 1879년에 그런 순간을 겪었다. 어느 날 저녁, 이 기민한 발명가이자 사업가는 뉴저지주 멘로파크의 연구실에 앉아 있었다. 그는 전화 송화기에서 나온 탄소 가루를 멍하니 뭉치고 굴려서 가느다란 실로 만들었다(과거 탄소 송화기는 탄소 가루의 접촉 저항을 이용해서 음향신호를 전기신호로 바꾸었다—옮긴이). 그 실을 흘끗 내려다본 순간, 에디슨은 가스등의 대체품으로 개발하던 백열전구에 필라멘트로 사용할 완벽한 재료를 찾아냈다는 사실을 깨달았다. 오늘날 우리가 알고 있는 전구는 이렇게 탄생했다.

에디슨이 발명한 전구와 그 이후에 나올 전기 제품에 전력을 공급하려면 구리가 필요했다. 결국, 1880년대가 되자 전선용 구리 수요가 폭발했다. 1880년부터 1888년까지 전 세계 구리 생산량은 15만 3959영국톤에서 25만 8026영국톤으로 치솟았다(1영국톤은 약 1016킬로그램—옮긴이). 미국에서 새로운 구리 공급처를 물색하려는 움직임은 골드러시만큼 열띠었다. 1896년에 캐나다 유콘준주 클론다이크의 래빗크릭Rabbit Creek(얼마 안 가 '횡재'를 의미하는 보난자크릭Bonanza Creek으로 이름이 바뀌었다)에서 금이 발견된 이후, 갖가지 귀중한 금속 쟁탈전의 무대가 캘리포니아에서 알래스카와 캐나다 국경 너머 유콘으로 옮겨갔다. 미국 영토의 북서쪽 끝에 있는 알래스카는 1867년 이전까지만 해도 시베리아에서 겨우 90킬로미터 떨어진, 러시아의 땅이었다.

잭 '타란툴라' 스미스와 클래런스 워런이라는 집요한 시굴자 두 명도 금으로든 구리로든, 큰돈을 벌어볼 속셈으로 알래스카에서 도박을 감행했다. 1900년 여름, 두 사람은 알래스카 동부 랭걸산맥의 케니컷빙하에 올라서 노다지가 있는지 살펴보았다. 이 빙하는 겨우 이전 해에야 이름을 얻었다. 미국지질연구소의 지질학자 오스카 론이 미국의 박물학자이자 선구적인 알래스카 탐험가였던 로버트 케니컷을 기

버려진 케니컷 광산촌은 알래스카의
랭걸-세인트엘리어스국립공원 및 보호구역 안에 있다.

리며 붙인 이름이었다. 론은 이 추운 산에서 금까지는 아니어도 구리
가 발견될 가능성이 크다고 밝혔지만, 정직한 공무원으로서 광산업을
통한 돈벌이에 나서지는 않은 듯하다. 하지만 훗날 밝혀졌듯이, 구리
광산 개발은 피할 수 없는 일이었다. 스미스와 워런은 산 중턱 초원이
라고 생각했던 곳에서 에메랄드빛 구리가 지표면 밖으로 노출된 광상
을 발견했다. 스미스는 뉴욕에 있는 28세의 약삭빠른 광산 기술자 스
티븐 버치에게 편지를 써서 케니컷빙하의 구리 광맥이 "눈부신 햇살

을 담뿍 받은 푸르른 아일랜드 목초지"처럼 보인다고 알렸다. 그러자 버치는 스미스와 워런의 채굴권을 사들였다.

'보난자피크Bonanza Peak'라는 이름이 붙은 이 산의 노두에서 채취한 샘플을 시험해보니 70퍼센트가 순수한 휘동석(구리의 황화물로 이루어진 광물로, 구리의 중요 원광이다-옮긴이)이었다. 다시 말해 이곳은 당시까지 발굴된 구리 매장지 가운데 구리가 가장 풍부한 곳이었다. 하지만 자원이 어마어마하게 많이 묻힌 알래스카 벽지는 지형 탓에 접근이 거의 불가능했다. 버치는 광석을 본격적으로 채굴하기 위해 160킬로미터나 떨어진 밸디즈Valdez에서 개 썰매에 장비를 싣고 산맥을 넘어와야 했다. 그가 옮긴 장비 중에는 분해해놓은 증기선 한 척도 있었다.

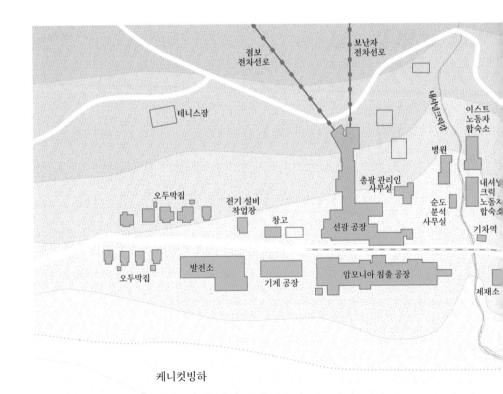

케니컷빙하

그는 부유한 투자자들(해브마이어 가문과 구겐하임 가문, 은행가 J.P. 모건 등)을 끌어들였다. 1907년에는 광산 확장과 철도 건설에 자금을 댈 기업 조합을 만드는 데 성공했다. 철도 부설은 4년이나 걸린 거대한 사업이었다. 인부들은 영하 40도와 용감하게 대면해서 바위투성이 땅을 가로지르는 기찻길을 깔고 다리를 놓았다. 1911년, 첫 기차가 거의 25만 달러에 이르는 구리를 싣고 케니컷에서 출발했다. 표기에서 오류가 났거나 버치가 철자를 잘못 쓴 바람에 새로운 광산촌의 이름 케니컷Kennecott은 근처 케니컷Kennicott 빙하와 한 글자가 다르다.

케니컷 구리 광산은 평균보다 높은 급여를 내걸고 외딴 벽지로 광부 수백 명을 꾀어내는 데 성공했다. 하지만 케니컷이 제대로 된 광

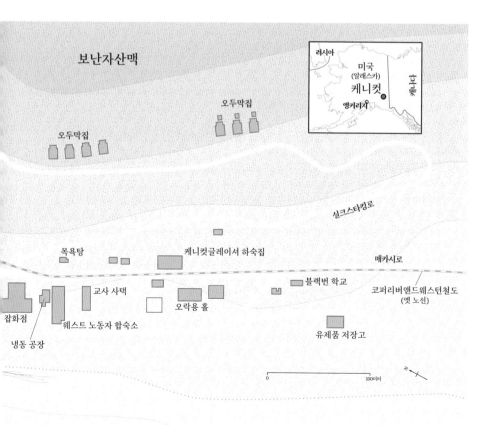

산 꼴을 갖추어가던 시기에 노동 환경은 그다지 좋지 못했다. 광부들은 합숙소에서 묵었고, 일주일에 단 하루도 쉬지 못한 채 일년 내내 고되게 일했으며, 얼어붙을 듯 추운 겨울철에는 거의 지하에서만 지냈다. 케니컷에서는 주류 판매도 제한되었고 별다른 오락거리도 없었기 때문에 슈샤나Shushana 철도 교차로 옆에 생겨난 이웃 마을 매카시가 반사이익을 누렸다. 홍등가와 술집, 호텔, 댄스홀, 여성복 가게를 갖춘 매카시에서는 광부와 제재소 인부, 철도 노동자가 힘들게 번 돈으로 갖가지 유흥을 즐길 수 있었다.

시간이 흘러 케니컷은 어쩔 수 없이 다소 고립되긴 해도 광부와 가족들이 북적거리는 제대로 된 마을로 성장했다. 사교 행사와 댄스 파티, 영화 관람을 위한 홀도 생겨났다. 그런데 1925년 무렵, 광석이 거의 다 채굴되어서 매장량이 고갈 수준에 이르렀다는 경고 신호가 벌써 나타났다. 그때까지 구리는 총 59만 톤 이상 채굴되었다. 결국 1938년에 광산 다섯 곳과 철도가 폐쇄되었다.

1130만 제곱미터에 이르는 텅 빈 광산 부지는 두어 번 주인이 바뀌었고, 1976년에 분할되어 매물로 나왔다. 그러자 앵커리지의 어느 모임이 부지를 통째로 사들였다. 의사와 치과의사, 변호사 등 광산과 거리가 멀어 보이지만, 알래스카의 야생과 쓸모없어진 산업 건축물에 분명한 애정을 느낀 이들이었다. 1990년대 말, 이 모임은 광산을 보존하려는 지역 단체 '케니컷의 친구들Friends of Kennicott'에 설득되어 마침내 국립공원관리청에 광산을 팔았다. 당시 광산은 '쇠락의 진행이 저지된’ 상태였다.

그 이후로 케니컷의 수호자들은 좀도둑과 싸워야 했다. 어느 자원봉사자의 표현처럼, 좀도둑들은 남아 있는 건물들을 ‘동네 건축 자재 가게’처럼 여겼다. 케니컷의 주요 건물 일부는 계속해서 ‘망각 속으로 미끄러져’ 갔지만, 그래도 마을은 구리 광산 붐의 낡은 유물이 한동안 버틸 수 있도록 조금씩 수리받고 있다. 케니컷은 반쯤 허물어져서 결국 원상태로는 되돌릴 수 없는 것에 진정한 아름다움이 있다는 고귀한 생각을 지키는 중이다.

히틀러는 왜 조상들의 고향을 없애려고 했을까

될러스하임

오스트리아

현대 오스트리아 지도에서 'verfallen(보통 축약어 'verf.'로 적힌다)'이라는 단어는 대략 '기한이 지났음'이나 '생명이 끝났음', '쇠퇴'를 가리킨다. 하지만 될러스하임과 슈트로네스Strones, 슈피탈Spital 및 이웃한 예닐곱 마을들은 '삭제된'이나 '지워진'이라는 뜻의 'gelöscht'라고 표현하는 편이 더 정확할 것 같다. 체코슬로바키아와 국경을 맞댄 니더외스터라이히주에 있는 이 잊힌 마을들은 자연적 이유로 생명을 다했다

체코공화국

됼러스하임

독일

뮌헨

다뉴브강

린츠

빈

오 스 트 리 아

잘츠부르크

그라츠

인스부르크

알프스산맥

클라겐푸르트

이탈리아

슬로베니아

무르강

숲

군사 훈련
도로

공원묘지

성 베드로와
바울 교회

탑

됼 러 스 하 임

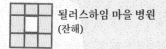

됼러스하임 마을 병원
(잔해)

전쟁 기념비

군사 훈련 도로

숲

불테바흐시내

N

0   100미터

고 볼 수 없기 때문이다. 이 장소들은 먼 옛날부터 수많은 농촌이 소멸해온 방식-인구가 줄어들고, 논밭과 길과 농가와 교회가 텅 비고, 정성스럽게 돌보는 손길이 사라져서 허물어지는-으로 사라지지는 않았다. 될러스하임의 죽음은, 더 나아가 될러스하임이 지역 풍경과 지도에서 거의 완전히 지워진 일은 의도적인 말소의 결과였다. 이 삭제는 아돌프 히틀러의 직접적인 지시, 적어도 암묵적 동의로 이루어졌을 것이다.

전쟁을 일으키고 집단학살을 저지른 독재자가 보기에 될러스하임의 죄목은 할머니와 아버지의 고향 근처라는 것이었다. 1938년 3월 안슐루스Anschluss(나치 독일의 오스트리아 병합) 직후 니더외스터라이히 북동부 발트피어텔 지역의 친나치 거물들은 이 마을이 '총통의 조상이 살던 곳'이라고 널리 알리고자 했다. 그들은 제3제국의 수장이 이 인연을 어여삐 여기리라고 믿었다. 그도 그럴 것이, 히틀러가 태어난 집은 사랑받았기 때문이다. 히틀러의 개인 보좌관 마르틴 보어만은 1938년에 나치당을 위해 오스트리아 브라우나우암인에 있는 총통 생가를 사들였다. 1층에 선술집이 있던 이 3층짜리 건물은 미술관 겸 도서관으로 재단장했고, 당연히 열렬한 당원들의 순례지가 되었다. 독일 바이에른주 바로 남쪽에 있는 브라우나우암인은 될러스하임만큼 외딴 시골은 아니었지만, 오버외스터라이히주의 평범한 국경 마을이었다. 히틀러의 아버지 알로이스는 발트피어텔 외곽에서 태어나고 자란 후, 브라우나우암인의 세관 공무원이 되어 독일과 오스트리아 사이를 오가는 물품을 단속했다.

히틀러가 아홉 살이던 1898년, 온 가족이 다뉴브강을 끼고 있는 린츠로 이사했고 히틀러는 이곳에서 남은 유년 시절을 보냈다. 그가 가장 따뜻하게 기억하며 훗날 공식적으로 아낌없이 지원한 곳도 바로 린츠였다. 그는 안슐루스 당시 빈으로 떠나기 전 린츠에 잠시 들렀고, 시청 발코니에서 군중에게 연설까지 했다. 그러나 제3제국의 독재자는 국제적 도시 빈을 혐오스럽게 바라보았다. 그에게 오스트리아 수도는 30여 년 전 수치스러운 과거, 궁핍하고 힘겨웠던 풋내기 화가 시절의 배경 무대였다. 반대로 린츠는 '총통의 도시' 다섯 군데 중 하나로 발탁되었다. 나치 건축가 알베르트 슈페어와 헤르만 기슬러, 로데리히 피크의 설계에 맞춰 대거 재개발되었고, 나치 이념과 히틀러의 업적을 기리는 박물관까지 갖추었다. 히틀러는 전쟁이 끝나 은퇴하면 이 완고하고 심심한 지방 도시에서 지낼 생각이었다.

하지만 될러스하임은 두 세대 전에 히틀러 집안과 맺은 인연을 널리 알리려고 했을 때 베를린으로부터 냉대만 받았다. '총통의 고향'이라고 알리는 우표를 발행하는 일도, 친척이 사는 것으로 추정되는 건물에 기념 명판을 세우는 일도 금지당했다. 히틀러 집안의 족보가 그리 깔끔하지 않다는 것이 문제였다. 될러스하임에 뿌리를 둔 일부 친척은 총통에게 당혹스러움을 안겨줄 수 있었고, 아직도 논쟁이 분분하다.

모든 논란은 알로이스 히틀러의 세례 증명서에 아버지 이름을 적는 칸이 텅 비어 있다는 사실에서 비롯했다. 문제의 서류는 1837년 말 어느 시점에 마리아 시클그루버Maria Schicklgruber라는 42세 미혼 여성이 될러스하임 교구 교회에 제출했다. 시클그루버는 1837년 6월 7일에 남자아이를 낳고 알로이스Alois라는 이름을 지어줬다. 5년 후, 시클그 루버는 같은 교회에서 43세의 제분소 일꾼 요한 게오르크 히들러Johann Georg Hiedler와 결혼식을 올렸다. 그리고 곧바로 알로이스를 시숙, 즉 남편 의 형인 요한 네포무크 히들러Johann Nepomuk Hiedler의 농장으로 보냈다. 요 한 네포무크 히들러는 결혼해서 가족과 함께 더 안정적으로 생활했던 농부였던 듯하다. 알로이스가 어머니와 함께 살지 않았던 이유는 끝 내 알려지지 않아서 오늘날까지 수많은 추측을 낳았다. 요한 게오르 크 히들러는 살아생전 한 번도 알로이스를 자신의 친자라고 인정하지 않았다. 그를 입양하려는 시도도 하지 않았던 것으로 보인다. 알로이 스는 내내 시클그루버라는 성으로 불렸다. 그런데 요한 게오르크 히 들러가 세상을 뜨자 40세가 된 알로이스는 될러스하임으로 돌아와서 히들러가 자신에게 같은 성을 물려주려 했다고 주장했다. 사람들은 그 말을 믿었다. 더 나중에 알로이스는 자신의 성을 '히틀러Hitler'로 바 꾸었다.

이런 일은 19세기 초 오스트리아 시골에서 꽤 평범했다. 당대 시 골에서는 사생아가 흔히 태어났다. 친자 확인을 위한 혈액 검사가 생 겨나려면 100년은 더 지나야 했다. 대체로 교구 교회가 가족 관계를 결정하는 합법적 기관이었고, 문맹도 많은 데다 비표준 철자도 널리

제3제국의 독일군이 들어오기 이전 될러스하임의 옛 빵집.

쓰인 탓에 시간이 지나며 성이 바뀌는 경우도 허다했다. 아돌프 히틀러(알로이스 시클그루버의 아들이자 마리아 시클그루버의 손자)가 권력을 잡고 인종 순수성을 강조하는 악랄한 이념을 신봉하지만 않았더라면, 이런 상황은 별문제도 아니었을 것이다. 이 이념 탓에 히틀러를 비판하던 사람들은 그가 정계에 등장하자마자 혈통을 조사했다. 명백히 타당한 이유가 있는 일이었다. 히틀러의 아버지가 성을 바꾸었다는 사실이 드러나자 빈의 일부 신문사는 조롱하는 사설을 실었다. 언론은 히틀러를 무조건 지지하는 신봉자들이 "하일 히틀러!" 대신 "하일 시클그루버!"라고 외쳐야 마땅하다며 비아냥댔다. 심지어 히틀러의 조상이 유대인이라는 소문까지 돌았다. 불쾌해진 히틀러는 유전학자들을 고용해서 자신의 아리아 혈통을 증명해줄 광범위한 가계도를 만들어내라고 명령했다. 1937년에 출간된 《총통의 족보Die Ahnentafel des Führers》를 보면 히틀러의 친할아버지는 요한 게오르크 히들러로 나온다. 마리아 시클그루버와 요한 게오르크 히들러의 결혼이 알로이스 히틀러의 출생보다 조금 늦었을 뿐이라는 설명이 사실상 공식 입장이었다.

요한 네포무크 히들러가 알로이스의 친부이며, 일부러 마리아 시클그루버를 동생과 결혼시켰으리라고 추측하는 사람들도 있다. 그는 이런 식으로 마리아를 가족으로 받아들일 수 있었을 뿐만 아니라, 불륜에 대한 아내의 분노를 피하면서도 조카가 된 아들 알로이스를 돌볼 수 있었을 것이다. 한편 히틀러의 개인 변호사였던 한스 프랑크는 다른 가설을 제시했다. 다만 프랑크의 의견은 논란의 여지가 상당히 커서 수많은 역사학자가 고려할 가치가 없다며 무시한다. 프랑크는 1946년 뉘른베르크 전범 재판에서 사형을 판결받고 처형되기 직전에 회고록을 썼다. 그는 이 회고록에서 마리아 시클그루버가 레오폴트 프랑켄베르거Leopold Frankenberger라는 유대인 남자와 정을 통해서 알로이스를 임신했다고 주장했다. 그녀가 그라츠에 있는 프랑켄베르거의 집에서 가정부로 일했을 때 벌어진 일이라고 한다. 만약 이 말이 사실이라면, 히틀러는 유대인 피가 섞였으므로 그 자신이 다스리는 제3제국의 시민이 될 수 없다.

독일군은 마을 건물을 전차 표적으로 이용했다.

교회는 될러스하임에 아직 남아 있는 몇 안 되는 건물이다.

폐허가 되어버린 초등학교의 흔적은 될러스하임의
행복했던 과거를 상기시킨다.

　마리아 시클그루버가 사랑에 빠진 남자가 정말로 누구인지는 결코 알 수 없을 것이다. 하지만 히틀러가 오스트리아를 침략한 지 몇 달 만에 될러스하임이 독일군 전투 훈련지로 적합 판정을 받은 지역에 포함되었다는 사실은 분명하다. 이듬해 될러스하임과 인근 도시, 마을의 주민들은 강제로 쫓겨났고, 전차를 탄 군인들이 그 자리를 차지했다. 독일군은 전차를 활용하는 야전 기술을 익히고자 다양한 훈련을 소화하며 마을 건물을 대부분 폭파했다. 1945년에 연합군이 오스트리아를 해방한 후, 소비에트의 붉은 군대가 될러스하임을 점령했다. 일부 설명에 따르면, 소련군도 이곳에서 집중적으로 사격 훈련을 실시했다고 한다. 1955년에 연합군 점령이 끝나자 오스트리아 군대는 될러스하임을 민간인의 출입을 금지하는 군사지역으로 지정했다. 오늘날에도 군대가 활발하게 훈련하는 될러스하임은 가시철조망과 장벽을 잔뜩 두르고 있다. 다만 1980년대 오스트리아 당국이 현명하게도 될러스하임의 일부 구역(지역 병원과 교회, 인근 공동묘지의 폐허)에 일반인의 접근을 허용했다. 이제 관광객은 나치 최고사령부가 수상쩍을 정도로 간절히 없애려 했던 장소의 일부나마 직접 볼 수 있다.

시간의 무게에 잠식되다

날개를 잃은
'바다 위의 나비'

웨스트피어
영국

부두와 잔교를 뜻하는 영어 단어 'pier'는 프랑스어 'pile'에서 비롯했다. 이 프랑스어는 '석조 장벽'과 '기둥'을 가리키는 라틴어 'pila'에서 유래했다. 'pier'와 동음이의어인 'peer'에는 '응시하다'라는 뜻도 있고, '귀족'이라는 뜻도 있다('peer out'은 내다본다는 표현이고, 'a peer of the realm'은 상원의원이거나 의원이 될 권리가 있는 세습 귀족을 일컫는다). 이 단어는 해변 휴양지의 기본적인 조건 두 가지, 바로 귀족 방문객과 바

West Pier, Brighton

1913년에 나온 이 엽서는 전성기의 웨스트피어를 보여준다.

다 전망이라는 개념을 한데 묶는다.

　17세기 말 돌팔이 의사들이 바닷물을 통풍 치료제로 극구 선전하자 평범한 어촌에 병든 부자들이 대거 몰려가기 시작했다. 섭정 왕자조지 4세와 사치스러운 귀족들의 후원 덕분에 서식스의 타락한 해안마을 브라이트헬름시Brighthelmsea는 출중한 해양 휴양지 브라이턴Brighton으로 다시 태어났다. 이윽고 브라이턴은 사교계 인사들이 건강을 챙기면서 재미도 볼 수 있는 곳으로 발돋움했다. 이와 거의 동시에 낭만주의는 바다를 미학적으로 '숭고'한 대상으로, 감상할 만한 경이로 끌어올렸다.

　브라이턴 바닷가에 가장 먼저 세워진 부두들은 상륙용 부잔교(수면 높이에 따라 위아래로 자유로이 움직이는 잔교−옮긴이)였다. 작은 배나 증기선을 타고 온 사람들이 항구가 따로 없는 리조트에 하선할 수 있도록 세운 실용적 시설일 뿐이었다. 브라이턴 최초의 부두인 체인피어 Chain Pier도 바로 이런 목적으로 1823년에 지어졌다. 해군 사령관이었다가 공학자 겸 건축가로 변신한 새뮤얼 브라운이 현수교처럼 생긴 이 부잔교를 설계했다. 이집트 오벨리스크를 흉내 낸 잔교 지지탑들에는 공간이 있어서 기념품을 파는 가게들이 들어섰다. 1841년 브라이턴에 철도가 개통한 후로는 체인피어 그 자체도 관광명소가 되었다. 체인피어는 바닷가 산책로 역할까지 겸했다. 사람들은 소용돌이치는 파도 위를 걸어 다니면서 건강에 좋은 짭짤한 바닷바람을 쐬고 경치를 구경할 수 있었다. 세월이 조금 더 흐르자 체인피어에는 도서 열람실 한 곳과 풍경 이미지를 투사해서 구경하는 카메라옵스큐라 한 군데까지 생겨났고, 실루엣 화가와 판유리 사진가도 몰렸다. 결국 부두는 교통 시설뿐만 아니라 오락 시설이 되었다.

　이런 상황은 급성장하는 해안 마을 곳곳에서 반복되었고, 해변 휴양 시설이라면 반드시 부두를 갖춰야 했다. 특히 웅장한 리조트라면 갈수록 늘어나는 당일치기 여행객들을 위해 부두를 한 곳 이상 지었다. 웨스트피어가 바로 이런 사례다. 훗날 증기 유람선을 수용하고자 상단을 확장하며 개조하긴 했지만, 원래 웨스트피어는 근처 부두를 대신할 만한 세련되고 고급스러운 산책로로 1866년에 특별히 지어졌다.

웨스트피어는 1869년 브라이턴에 수족관을 건설한 유지니어스 버치의 작품이다. 버치는 부두 건설의 이점바드 킹덤 브루넬(19세기 엔지니어링의 거인으로 꼽히는 영국의 토목·조선 기술자-옮긴이)로 일컬어진다. 그가 잉글랜드와 웨일스 해안에서 건설을 책임진 부두는 모두 14군데나 된다. 애버리스트위스와 딜, 혼시, 리덤, 플리머스, 뉴브라이턴, 이스트본, 스카버러, 웨스턴슈퍼메어, 헤이스팅스, 본머스 모두 한

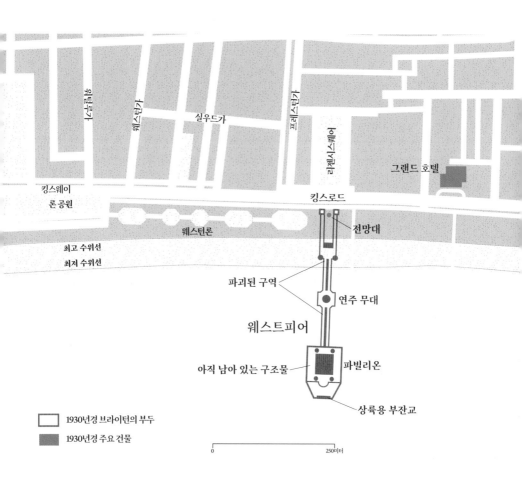

창때는 버치가 만든 부두를 자랑했다. 이뿐만 아니라 그는 캘커타-델리 철도 부설에도 참여했으며, 엑스머스 선착장과 일프러콤 항구, 웨스트서리 급수 시설까지 건축했다.

버치의 초기 작품에 속하는 웨스트피어는 개통 당시 '바다 위의 나비'라고 격찬받은 걸작이었다. 또한, 버치는 웨스트피어를 지으면서 부두 건설의 미학적 측면과 구조적 측면을 모두 진정으로 발전시켰다. 그는 나사산이 있는 주철 기둥을 해저에 박고 그 위에 바다를 향해 툭 튀어 나간 400미터짜리 구조물을 올렸다. 당시로서는 제대로

바다를 향해 400미터나 뻗어나간 웨스트피어에서
현재 남아 있는 잔해는 주철 기둥들뿐이다.

검증받지 않은 건축 방법이었다. 웨스트피어의 독창적 특징 가운데
가장 찬사받은 (아울러 가장 많이 모방된) 요소는 '끊임없이 이어져 있는
넉넉한 좌석 설비'였다. 부두의 양 가장자리를 따라 놓인 곡선형 주철
벤치 한 쌍에는 2000명이나 앉을 수 있었다. 더욱이 벤치가 부두 안
쪽을 향해 놓인 덕분에 사람들은 앉아서 편히 쉬며 바다 풍경뿐만 아
니라 서로를 바라볼 수 있었다.

　웨스트피어의 가장 큰 매력은 단연코 '탁 트인 풍경'이었다. 저 멀
리 서쪽 워딩의 부두와 반대편 끝의 뉴헤이븐 백악질 절벽 사이 가운
데에 있는 웨스트피어에서는 바다와 해안이 훤히 내다보였다. 방문객

은 장식용 주철과 판유리로 만든 칸막이 너머로도 경치를 감상할 수 있었다. 어느 논평가는 이 칸막이가 "부두를 자주 찾는 사람들에게 커다란 편의를 제공하는 데 실패"하지 않을 것이라고 평가했다. 특히 맑은 겨울날에는 이 칸막이 덕분에 "으슬으슬한 강풍을 피해 완벽한 자유를 누리며 따뜻한 기온과 수명을 늘려주는 공기를 즐길" 수 있었다. 웨스트피어의 데크는 체인피어보다 네 배 더 넓었다. 무굴제국 건축 양식을 서툴게 흉내 낸 로열 파빌리온과 동양풍 키오스크, 이탈리아식 요금소, 가스등도 빠짐없이 갖추었다. 나중에는 전기 조명과 음악 연주 공간, 유원지까지 생겨났다.

　이름에서 알 수 있듯, 웨스트피어는 리조트의 서쪽, 호브 방향에 서 있었다. 부두 바로 뒤편에는 브라이턴의 조지 왕조 시대 말기 부동산 가운데 가장 기품 있는 곳인 리전시스퀘어Regency Spuare가 있다. 리전시스퀘어의 건물들은 다작하는 지역 건축가 겸 투기 건설업자인 에이먼 와일즈와 에이먼 헨리 와일즈 부자가 지은 것으로 여겨진다. 그런데 웨스트피어의 위치는 설계와 시설만큼이나 중요했다. 리젠시스퀘어에 거주하는 상류층은 웨스트피어가 집안의 바다 전망을 망치고 달갑지 않은 사람들을 주변으로 끌어들일까 봐 우려하며 화를 냈다. 결국, 1875년에 6펜스까지 오를 만큼 터무니없이 비싼 입장료와 1930년대까지 사라지지 않은 복장 규정, 위압적인 정문과 회전문이 상당히 까다롭게 부두 입장객을 엄선했다. 하지만 빅토리아 시대 말까지 웨스트피어를 방문하는 사람은 해마다 60만 명이 넘었다.

2003년 웨스트피어는 방화범의 표적이 되었다. 지금은 해골 같은 뼈대만 남아 있다.

폭풍으로 체인피어가 파괴된 1896년, 영국 영화의 선구자인 에스메 콜링스가 브라이턴 해변을 찾았다. 역시 활동사진의 선구자인 윌리엄 프리즈그린의 옛 동업자로 호브에서 활동하던 콜링스는 브라이턴 해변의 휴양객을 영화 카메라로 촬영했다. 〈웨스트피어 아래서 앞다투어 동전을 줍는 소년들〉은 깜빡거리는 프레임 몇 장만 보여줄 뿐이다. 목부터 무릎까지 오는 수영복을 입은 사내아이들이 조약돌 해변에서 동전을 주우려고 헛고생하는 장면이 담겨 있다. 고대 신화에서 삶 속으로 첨벙 뛰어든 모자이크처럼, 이 영화는 웨스트피어의

황금기와 잃어버린 제국 시절을 가슴 저미도록 생생하게 되살려낸다. 그 시절은 제1차 세계대전으로 산산이 조각날 터였다. 잔 리틀우드의 뮤지컬을 개작한 리처드 애튼버러의 1969년 영화 〈오! 얼마나 아름다운 전쟁인가〉는 브라이턴 바닷가를 배경으로 이 전쟁을 다룬다. 영화 속에서 세계대전이라는 비극은 그즈음 이미 시들어버린 웨스트피어를 배경으로 오래된 뮤직홀 음악에 맞춰 펼쳐진다.

애튼버러의 영화가 개봉하고 몇 달 후, 웨스트피어의 앞쪽 끝부분이 구조상 불안정해서 폐쇄해야 한다는 진단을 받았다. 한 세기 넘게 비와 바람, 끝없이 밀려오고 나가는 바닷물에 시달린 탓에 대대적인 수리가 절실했던 부두 전체도 1975년에 폐쇄되었다. 기금 마련 및 보존 캠페인이 숱하게 이어졌고 부두를 복원하려는 계획도 제시되었지만, 웨스트피어는 끝내 다시 열리지 않았다. 기물파손 행위와 1987년 대폭풍으로 심각하게 손상되어 죽어가던 부두는 2003년 방화 탓에 결국 가련한 해골로 쪼그라들었다. 게다가 휘몰아치는 파도가 새까맣게 타버린 잔해를 조금씩 갉아먹고 있다. 오늘날 남아 있는 것이라곤 사실상 주철 뼈대와 토대 일부, 바닷물 밖으로 삐져나온 모습이 꼭 오래전에 죽은 거미 다리처럼 보이는 나선 말뚝 몇 개뿐이다.

'크리스마스의 수호성인'에서
'크리스마스 유령'으로

◉

샌타클로스
미국, 애리조나

오랜 속담처럼 크리스마스는 1년에 딱 하루다. 그리고 크리스마스에는 전설적인 성 니콜라우스 혹은 산타클로스 혹은 파더 크리스마스가 찾아온다. 산타클로스는 풍성하게 기른 새하얀 수염과 빨간 옷차림이 돋보이는 쾌활한 할아버지다. 북극에 사는 그는 순록 떼가 끄는 썰매에 선물을 잔뜩 싣고 날아다닌다. 크리스마스의 너그러움을 상징하는 이 전설적 존재는 실존 인물을 바탕 삼아 만들어졌다. 바로

한때 크리스마스트리인은 그 유명한 66번 국도를 따라
이동하는 운전자에게 인기 있는 식당이었다.

팁턴산

0   4킬로미터

N

디트라이블계곡

팩새들산

클로라이드

그래스호퍼
교차로

체럼피크

치맷산맥

93번 고속도로

샌타클로스

스톤턴힐

모하비카운티
(애리조나)

블랙산맥

실버산

골든계곡

유니언고개

킹먼

라스베이거스

샌타클로스

미 국

로스앤젤레스

콜로라도강

새크라멘토계곡

샌디에이고

유마

태평양

멕시코

서기 280년경에 소아시아에서 태어난 그리스인 니콜라오스Nikolaos다. 니콜라오스는 현재의 튀르키예 땅인 뮈라Myra에서 주교를 지냈고, 흔들림 없이 기독교를 믿었다. 당시 로마제국은 기독교도를 가혹하게 박해했다. 로마인은 기독교도를 십자가에 못 박아 죽이면서 이 소름 끼치는 광경을 즐겼다. 로마법을 어긴 하찮은 경범죄를 빌미로 기독교도를 대중 앞에서 표범과 멧돼지, 사자에게 던져주고 갈가리 찢겨 죽게 만들기도 했다. 니콜라오스는 이렇게 끔찍한 형벌을 피했다. 하지만 서기 313년에 콘스탄티누스 대제가 소위 밀라노 칙령을 내려서 신앙의 자유를 허락할 때까지 감옥에서 몇 년을 살아야 했다.

제빵사와 전당포의 수호성인으로 추앙받으며 수많은 기적을 일으켰다고 일컬어지는 니콜라오스는 부유하지만 독실한 부부의 외동아들로 태어났다. 그는 어린 나이에 전염병으로 부모를 잃고 막대한 재산을 물려받았다고 한다. 니콜라오스는 유산으로 병들고 가난한 사람들을 도왔고, 익명으로 자선 활동에 힘썼다. 가장 유명한 일화는 가난한 세 자매를 구해줬다는 일이다. 궁핍한 아버지가 딸의 지참금을 내지 못하는 바람에 자매는 매춘부로 팔려 갈 뻔했다. 그러자 니콜라오스가 밤에 몰래 찾아가서 황금 세 자루를 집에 슬쩍 넣어놓았다. 여관 주인이 죽이고 토막 내서 커다란 통에 절여놓은 어린 소년 세 명을 그가 부활시켰다는 믿지 못할 설화도 있다. 이 별난 이야기는 훗날 니콜라오스가 아이들을 보살피는 일과 영원히 관련되리라는 사실을 알려주는 것 같다.

수백 년 동안 사람들은 축일(12월 6일)을 정해 성 니콜라우스의 선행을 기념했다. 그는 유럽에서 인기 있는 성인이었다. 그런데 1500년대에 개신교가 유럽 대륙의 많은 지역에서 성인을 기리는 일을 끝장내버렸다. 다행히도 네덜란드에서는 성 니콜라우스를 계속 숭배했다. 성 니콜라우스 축일 전날 밤이면 그의 관대함을 기리면서 아이들의 양말이나 신발에 선물을 넣어두는 관습도 생겨났다. 네덜란드 사람들은 이 성인을 '신트 니콜라스Sint Nikolaas'나 애정 어린 이름 '신터클라스Sinterklaas'라고 불렀고, 아메리카로 이주할 때 신터클라스 축일 의식을 함께 가져갔다. 이곳에서 네덜란드 이주민의 신터클라스 축일 관습은 점차 크리스마스 축하 행사에 통합되었다. 원래 미국에서는 뉴잉글랜드에 정착한 청교도 때문에 크리스마스를 조용히 넘기곤 했다.

1809년, 워싱턴 어빙Washington Irving이 뉴욕 지역 네덜란드 식민지의 역사를 풍자적으로 설명한 《니커보커의 뉴욕 역사》에서 성 니콜라우스를 생생하게 묘사했다. 크리스마스이브에 파이프 담배를 입에 문 채 중력을 무시하는 썰매를 타고 마법처럼 공중을 날아다니면서 선물을 나눠주는 모습이었다. 1823년에는 클레먼트 클라크 무어가 〈성 니콜라스의 방문A Visit from St. Nicholas〉이라는 시를 발표했다. "크리스마스 전날 밤이었습니다, 온 집안이/ 아무런 움직임 없이 조용했어요, 쥐 한 마리조차 없었지요"라는 불멸의 시구로 시작하는 이 작품은 19세기 산타클로스 열풍을 부채질했다.

오늘날 우리는 산타클로스라고 하면 반짝거리는 눈에 불그레한

혈색, 퉁퉁한 뱃살과 눈처럼 새하얗고 무성한 턱수염이 돋보이는 노신사를 떠올린다. 이 이미지는 잡지《하퍼스 위클리》가 토머스 내시의 산타클로스 삽화를 새긴 판화 시리즈를 내놓고, 산타클로스가 그려진 크리스마스카드가 생겨난 이후인 1860년대부터 널리 퍼졌다. 한동안 산타클로스 복장의 색깔과 스타일은 다양하게 그려졌다. 하지만 산타클로스의 가장 유명한 옷 색깔이 코카콜라의 크리스마스 광고에서 유래했다는 설은 근거 없는 이야기다. 1930년대에 술고래로 유명한 스웨덴 출신의 삽화가 해던 선드블롬Haddon Sundblom은 빨간색과 흰색 옷을 입은 뚱뚱한 산타클로스를 그렸다. 이 산타는 이후 30년 동안 코카콜라 크리스마스 광고의 기본이 되었다. 하지만 코카콜라가 선드블롬에게 작품을 의뢰할 무렵 이 의복과 색상 구성은 이미 표준으로 굳어져 있었다. 산타를 상징하는 옷은 아마 성 니콜라우스의 주교 예복에서 유래했을 것이다. 성인의 예복에서 흰색은 천상의 순결함을, 빨간색은 생명과 희생의 피를 상징했다. 원래 성 니콜라우스는 비잔틴 성화나 다른 종교 회화에서 이 예복을 입은 모습으로 자주 그려졌다. 그러나 세월이 흐르며 성 니콜라우스는 거룩한 주교에서 장난감 소원 목록과 착한 일/나쁜 일 목록을 들고 다니는 쾌활한 할아버지로 변신했다. 이와 함께 근엄한 망토와 주교관도 하얀 모피를 두른 빨간 옷으로 서서히 바뀌었다. 부지런한 요정들로 가득한 작업장을 활보하거나 썰매를 타고 북극과 전 세계를 누비려면 예복보다는 새로운 복장이 훨씬 나았을 것이다.

코카콜라의 크리스마스 광고는 음료 소비량이 가장 적은 겨울철에 매출을 증대하려는 목적으로 만들어졌다. 1937년 애리조나주에 생겨난 샌타클로스의 핵심도 계절에 상관없이 1년 내내 휴일을 즐긴다는 개념이었다. 샌타클로스는 66번 국도가 지나는 킹먼 외곽, 블랙산맥과 아주 가까운 먼지 풀풀 날리는 땅에 생겨난 휴양지 마을이다. 샌타클로스를 탄생시킨 주인공은 캘리포니아의 통통한 부동산 중개인 니나 탤벗이다. 탤벗은 팜스프링스나 라스베이거스 같은 분위기를 자아내는 모하비사막의 메마른 땅에 가족 휴양지를 지어서 남편과 함께 이사한다는 꿈을 품었다. 다만 탤벗의 휴양지는 골프나 도박보다는 모두에게 선의를 베푸는 크리스마스철을 훨씬 더 강조한 휴양지가 될 터였다.

애리조나에는 스페인 식민의 유산이 많이 남아 있고, 따라서 지명에 '산타'가 들어가는 곳도 당연히 풍부하다. 애리조나 지도를 보면 성 십자가를 뜻하는 '샌타크루즈'나 성스러운 장미를 뜻하는 '샌타로자' 같은 지명이 점점이 흩어져 있다. 그러나 탤벗이 30만 제곱미터 대지에 샌타클로스라는 이름을 붙인 이유는 누구라도 짐작할 수 있을 것이다. 로이 우드의 노래 가사처럼 날마다 크리스마스일 수 있다는 단순한 생각에 따른 지명은 유쾌하고 낙관적으로 현실을 부정한다. 사막의 충적 모래밭 속에 호랑가시나무와 반짝이로 화려하게 꾸민 겨울 동화 나라를 만들겠다는 아이디어는 미국의 상상력과 독창성에 보내는 찬사이기도 하다. 탤벗은 주거 문제를 계획대로 해결하지 못한 채 1949년에 샌타클로스를 팔았다. 그러나 1950년대에 샌타클로스는 66번 국도 운전자들에게 인기 있는 명소가 되었다. 에어컨이 설치된 크리스마스트리인Christmas Tree Inn은 유명 레스토랑 평론가 던컨 하인스의 호평(66번 국도의 애리조나 구간에서 가장 식사하기 좋은 식당 중 하나라고 했다)과 할리우드 스타 제인 러셀의 후원 덕분에 '치킨 아 라 노스폴 Chicken a la North Pole(북극식 닭요리)'과 '럼파이 아 라 크리스크링글rum pie a la Kris Kringle(산타할아버지 럼파이)'을 불티나게 팔아치웠다. 샌타클로스의 동굴로 가면 1년 내내 산타가 아이들의 크리스마스 선물 소원을 들어주었다. 마을 우체국은 "발신인: 산타클로스"라는 소인이 찍힌 편지를 보내주는 서비스로 인기를 끌었다.

안타깝지만 이런 명소들도 1970년대에 시작된 쇠퇴를 막지 못했다. 시카고와 로스앤젤레스를 연결하는 주요 동맥이었던 66번 국도가 더 크고 더 빠른 새 도로에 대체되었기 때문이었다. 결국 1985년에 66번 국도 전체가 공식 폐쇄되었다. 그즈음 샌타클로스를 마지막으로 지키고 섰던 알록달록한 건물들은 -《헨젤과 그레텔》의 과자집 같은 창문에 스프레이 페인트를 두껍게 칠해서 눈과 모래를 그려놓곤 했었다 - 손 쓸 수 없을 정도로 낡아 있었다. 샌타클로스 리조트는 공식 지도에서 지워졌지만, 10년을 더 버티다가 1995년에 마지막 명소가 문을 닫았다.

오늘날 샌타클로스는 과거의 무시무시한 크리스마스 유령처럼 앉아 있다. 피닉스와 라스베이거스를 이어주는 93번 고속도로 근처

샌타클로스 마을의 본관은 아직 남아 있는 몇 안 되는 건물 가운데 하나다.
지금은 사막의 열기 속에서 썩어가고 있다.

에 있지만, 전혀 눈길을 끌지 못해서 못 보고 지나치기 쉽다. 조명과
장식품으로 화려하게 장식했지만 결국 길가에 버려진 크리스마스트
리처럼, 한때 터무니없이 밝고 즐거웠던 샌타클로스가 허물어지고 망
가진 모습은 너무도 처량해 보인다. 이곳에 아직 남아 있는 것들은 전

부 썩고 부서진 채 낙서로 뒤덮여 있다. 무너져가는 본관 건물에 겨우 매달려 있는 시든 나무 간판은 여전히 "바로 여기가 산타의 땅"이라고 외친다. 하지만 최근 근처에 세워진 다른 표지판은 독사를 조심하라고 경고한다.

내전과 쿠데타도
무너뜨리지 못한 옛 영광

◉

듀코르팰리스 호텔
라이베리아

　듀코르팰리스 호텔은 가장 쇠락했을 때조차 몬로비아에서 반론의 여지 없이 가장 빛나는 곳이었다. 9층 건물에 객실 106개를 갖춘 호텔은 라이베리아의 수도에서 가장 높은 언덕 위에 서 있다. 도시의 주요 간선도로인 브로드가 끝에 우뚝 서서 1960년부터 주변 풍경을 굽어본다. 건물 옆으로는 대서양이 펼쳐져 있고, 발치에는 세인트폴 강이 흐른다. 듀코르팰리스는 라이베리아에 뿌리내리고 있지만, 당당

히 더 넓은 세상을 바라본다. 1950년대와 1960년대에 이 서아프리카
국가는 전 세계에서 경제가 가장 빠르게 성장하는 나라 중 하나였다.
목재와 다이아몬드, 가장 중요하게는 당시 자동차 산업에서 수요가
엄청났던 적철광과 고무 매장량이 풍부한 덕분에 매력적인 투자처였
다. 듀코르팰리스 호텔은 팬암항공사Pan Am Airways의 자회사인 인터내셔
널호텔이 세웠다. 듀코르의 현대적이고 국제주의적인 건축 양식은 이
호텔에 출장 온 사업가와 정치인, 관광객, 제트기를 타고 동에 번쩍 서
에 번쩍하는 유명인사를 위한 허브로 밝게 빛나리라는 팬암의 믿음을
반영한다.

호텔을 설계한 주인공은 루마니아계 이스라엘인 건축가이자 부동산 개발업자인 모세 메이르다. 메이르가 맡은 프로젝트는 뉴욕주 캐츠킬산맥의 리조트부터 텔아비브의 샬롬메이르타워Shalom Meir Tower까지 다양했다. 특히 샬롬메이르타워는 1965년에 완공되었을 무렵 중동에서 가장 높은 건물이었다. 메이르는 듀코르팰리스 호텔을 설계한 덕분에 서아프리카에서 작업을 한 건 더 의뢰받았다. 코트디부아르의 초대 대통령인 펠릭스 우푸에부아니가 그에게 듀코르팰리스 호텔만큼 호화로운 호텔을 지어서 갓 독립한 자신의 조국을 꾸며달라고 주문했다. 그렇게 코트디부아르의 수도 아비장에 오텔이브와르Hotel Ivoire (아이보리 호텔)가 들어섰다. 이 호텔은 아프리카 모더니즘의 상징으로 평가받는다. 내전을 두 차례 겪으며 황폐해졌지만 최근 전면적으로 복구된 오텔이브와르는 듀코르팰리스 호텔의 운명과 선명한 대조를 이룬다.

아프리카 최초의 최첨단 5성급 호텔이었던 듀코르팰리스는 갖가지 최신 편의 설비를 갖추었다. 원형 레스토랑에서는 최고의 요리사들이 프랑스 음식과 아프리카 음식을 내놓았다. 창밖으로는 감탄이 절로 나올 만큼 빼어난 바다와 도시 풍경이 펼쳐져 있었다. 테니스장과 라운지 데크, 올림픽 규격 수영장도 있었다. 우간다의 잔인한 독재자 이디 아민이 듀코르팰리스에서 묵을 때 이 수영장을 이용했다고 한다. 권총을 포기할 수 없어서 그대로 손에 든 채 수영했다는 말이 있다. 이 이야기의 진실이 무엇이든, 이디 아민은 듀코르팰리스를 방문

올림픽 규격 수영장은 황금기의 듀코르팰리스 호텔이 자랑하던 호화 시설이었다.

한 당대의 수많은 유력 정치인과 외교관, 기업가, 실력자 중 하나였다. 호텔은 시원한 에어컨 바람이 나오는 접견실에서 정상회담과 회의, 무역 협상, 칵테일파티, 호화 만찬, 연회를 주최하곤 했다. 듀코르팰리스는 국가 행사도 열었고, 심지어 학교로도 쓰여서 라이베리아 국민에

듀코르팰리스 호텔의 원형 레스토랑에서는
도시 전역과 바다를 모두 품은 장관을 감상할 수 있었다.

게 애정을 듬뿍 받았다. 그런데 1980년 쿠데타를 시작으로 소요 사태
가 줄줄이 잇따랐고, 결국 온 나라가 내전에 휘말렸다. 내전은 1989년
부터 1997년까지 맹렬하게 이어졌다. 호텔은 내전이 터지기 몇 달 전
에 문을 닫았고, 잠시 과도 정부에 점령당했다. 전쟁 중에 포격당하고
약탈당했던 듀코르팰리스는 빈민가에서 쫓겨난 사람들의 피난처가
되었다. 2003년에 제2차 라이베리아 내전이 터졌을 때도 듀코르팰리
스 호텔은 주연을 맡았다. 이후에는 미국에서 교육받은 독재 대통령
찰스 테일러의 군대가 호텔을 포격 진지로 사용했다. 훗날 테일러는
나이지리아로 망명했지만, 결국 붙잡혀서 헤이그로 인도되었고 2012

년에 국제사법재판소에서 전쟁범죄로 50년형을 선고받았다. 내전의 여파가 가시지 않았던 2004년에 듀코르팰리스를 방문한 영국 정치가 크리스 멀린은 호텔이 "세상이 멸망할 때 [런던의] 파크레인 힐튼호텔이 어떤 모습일지 어렴풋이 보여준다"라고 말했다.

얼마간 시간이 지난 후, 새로 구성된 라이베리아 정부는 호텔에서 무단으로 거주하고 있던 사람들을 내쫓고 건물을 리비아에 임대했다. 그런데 2011년에 무아마르 카다피가 사망하고 독재 정권이 붕괴하는 바람에 듀코르팰리스를 부활시키려는 계약과 계획도 곧바로 축소되었다.

듀코르팰리스는 옛 모습의 껍데기만 간직할 뿐이지만, 여전히 라이베리아에서 가장 방문객이 많은 장소다. 2018년에 왕년의 축구 스타 조지 웨아가 반부패 공약으로 대통령에 선출된 후로 듀코르팰리스 호텔을 버킷리스트에 올려두었던 관광객들이 돌아오고 있다.

누구도 '일본의 하와이'를
찾지 않는다

◉

하치조로열 호텔
일본, 하치조지마

도쿄에서 겨우 287킬로미터 떨어진 필리핀해의 이즈제도에 속하는 하치조지마八丈島는 목가적인 아열대 화산섬이다. 섬에서 솟아난 하치조후지산八丈富士山은 울퉁불퉁한 바위투성이 지형이지만 녹음이 무성하고 수국과 알로에가 풍부하다. 산비탈에서는 소 떼가 풀을 뜯는다. 섬을 둘러싼 맑고 푸른 바다에서는 큰돌고래가 노닌다. 가끔 고래가 나타나기도 한다. 게다가 섬에는 방문객이 야외에서 목욕할 수

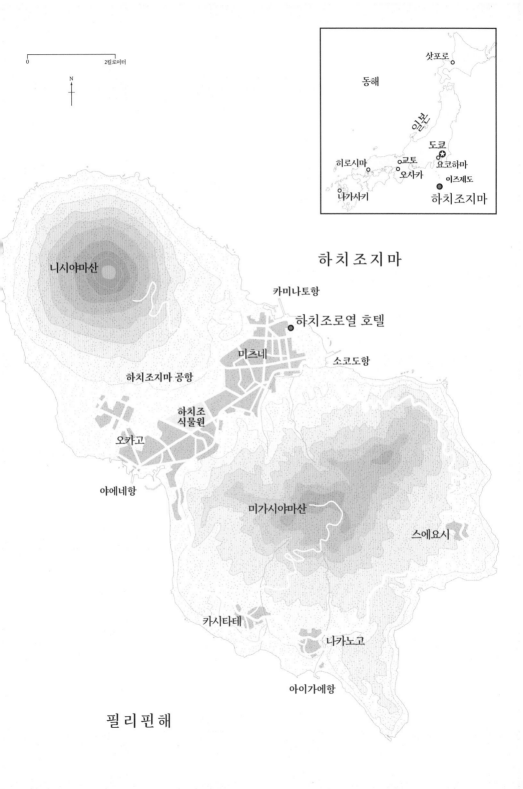

0   2킬로미터

N

동해

일본

삿포로

도쿄

히로시마

교토

오사카

요코하마

나가사키

이즈제도

하치조지마

하 치 조 지 마

니시야마산

카미나토항

하치조로열 호텔

미즈네

소코도항

하치조지마 공항

하치조 식물원

오카고

야에네항

미가시야마산

스에요시

카시타테

나카노고

아이가에항

필 리 핀 해

있는 온천도 솟아난다. 이곳에서 삶의 속도는 느긋하며, 정신을 산만하게 흐트러뜨리는 도시적 요소가 없다. 그래서 섬의 홍보 자료는 "비용과 수고를 들여 오키나와나 하와이까지 갈 필요 없이" 열대에서 짧은 휴가를 즐기기에 이상적인 곳이라고 영리하게 주장한다.

60년 전만 해도 일본인은 하와이에 가고 싶어도 쉽게 갈 수 없었다. 일본은 역사 내내 외부 세계와 거의 완전히 단절되어 지내왔다. 1633년 도쿠가와 막부는 쇄국 정책을 고수했다. 이 방침은 220년이나 이어졌다. 일본인이 나라 밖으로 나간다면 사형을 당할 수 있었고, 당국의 명시적 허가를 받지 못한 외국인은 일본에 들어올 수 없었다. 통상수교 거부 정책이 폐지되고 100년이 지난 후에도 일본인이 여권을 발급받기는 어려웠다. 일본 정부는 제2차 세계대전에서 패하고 연합군에 점령당해 무너진 전후 경제를 지원하기 위해서는 현금이 반드시 국내에 머물러 있어야 한다고 믿었고, 외국 여행과 관광을 계속 억제했다. 도쿄 올림픽을 개최하며 국제주의의 새 시대를 열었던 1964년 전까지 일본 당국은 사실상 국내에서 휴가를 보내라고 명령했다. 따라서 민간인 관광객이 퇴역한 해군 공항을 이용할 수 있어 편리했던 이즈제도가 일본의 하와이로 널리 홍보되었다. 두 지역은 지질학적 특징이 비슷했으니 터무니없는 주장은 아니었다. 1959년에 하와이가 미국의 50번째 주로 편입되어 폴리네시아 열풍을 불러일으켰고, 전 세계에서 가장 매력적인 관광지로 떠올랐기 때문이다.

물론 이즈제도는 하와이의 화환을 선물할 수 없었다. 그러나 진

이제는 잊힌 호텔은 한때 일본에서 가장 인기 있는 관광지였다.

짜 하와이를 포기하고 거의 의무나 다름없는 국내 대안을 선택한 이들에게 일본에서 가장 크고 좋은 호텔 가운데 하나를 내놓을 수 있었다. 하치조로열 호텔은 프랑스의 바로크 양식 성을 본떠서 1963년에 지어졌다. 대리석으로 덮은 복도와 샹들리에로 환히 밝힌 당구장 등 바로크 모티브가 호텔 전체에서 호사스럽게 반복되었다. 고대 그리스 조각상과 분수로 꾸민 우아한 정원은 베르사유 궁전(또는 상수시 궁전)에 뒤지지 않았다. 급증하는 중산층이 하치조로열을 방문해서 조국의 기적 같은 경제 성장을 반영하는 화려함을 마음껏 즐겼다.

　　그런데 일본이 점점 부유해지면서 해외 여행도 더욱 쉬워지고 저렴해졌다. 태양과 서핑을 찾는 사람들도 하와이를 닮은 하치조지마를

버려진 호텔 안, 비바람을 피한 그랜드피아노가 아직 서 있다.

무시하고 진짜 호놀룰루로 향했다. 하치조로열 호텔은 1990년대 초 일본의 부동산 시장과 주식 시장에서 거품이 붕괴하고 경기 침체가 거의 20년이나 이어지는 와중에도 주인을 갈아치우고 이름을 바꾸며 투지 있게 영업해나갔다. 하지만 2006년에 피할 수 없는 운명을 맞닥 뜨렸고 끝내 문을 닫았다. 그러자 한때 세심하게 손질받았던 정원의 나뭇가지가 마치 밀림 속에 있는 것처럼 제멋대로 자라났다. 나뭇잎 이 주요 진입로의 표지판을 가렸고, 이끼가 주랑 현관의 계단을 뒤덮 었으며, 덩굴이 건물 안 깊숙이 파고들어서 바닥과 창문, 문을 뚫고 여 기저기로 퍼져나갔다. 하지만 일부 실내 공간은 섬뜩할 만큼 잘 보존 되어 있다. 세탁실에는 여전히 수건 더미가 깔끔하게 쌓여 있다. 구식 컴퓨터가 놓인 사무실은 오전 회의에 들어간 직원이 돌아오기를 기다리는 듯하다. 어린이 놀이방에는 장난감이 어지럽게 흩어져 있다. 꼭 아이들이 놀다가 장난감을 그대로 두고 나간 것처럼 보인다. 그러나 부서진 창문과 다 벗겨진 페인트칠, 곰팡이가 잔뜩 낀 벽, 무너진 천장은 사람이 없는 호텔에서 열대 식물과 짭짤한 바닷바람이 어떤 재미를 보고 있는지 알려준다. 호텔이 문을 닫은 기간이 그리 길지 않은데도 자연은 이곳을 완전히 점령한 것 같다.

나폴레옹이 그리워한 땅에
양 떼만 남았다

그랑오텔드라포레

프랑스, 코르시카

나폴레옹 보나파르트는 황제로 군림하던 시절에는 자신이 태어난 섬에 별 관심을 보이지 않다가, 말년이 되어서야 코르시카를 향한 향수병에 걸렸다고 했다. 남대서양에 떠 있는 외딴 영국령 세인트헬레나에 유폐된 프랑스 황제는 고향의 향기를 들이마시는 꿈을 꾸었다. 코르시카의 바위투성이 풍경에는 푸른 빛을 잃지 않는 나무와 관목(아르부투스와 도금양, 시스투스, 유향, 로즈메리와 라벤더, 타임)이 융단처

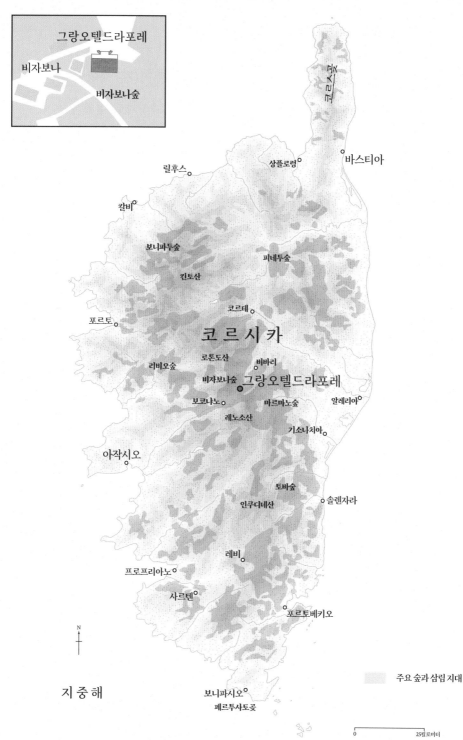

그랑오텔드라포레

비자보나

비자보나숲

코르스곶

상플로랑

바스티아

릴후스

칼비

보니파투숲

피네투숲

킨토산

코르테

코르시카

포르토

로톤도산

비바리

리비오숲

비자보나숲   그랑오텔드라포레

보코냐노

마르마노숲

알레리아

레노소산

기소나치아

아작시오

토바숲

인쿠디네산

솔렌자라

레비

프로프리아노

사르텐

포르토베키오

N

보니파시오

페르투사토곶

지중해

주요 숲과 삼림 지대

0   25킬로미터

럼 깔려 있다. 송진이 많은 유럽곰솔과 떡갈나무가 무성한 숲도 빼놓을 수 없다. 푸르른 초목과 향처럼 아찔한 산 내음은 거대한 화강암 봉우리와 뿔이 둥글게 휜 야생 무플론 양과 함께 코르시카를 대표하는 특징이다.

고대 그리스인과 로마인, 게르만 반달족과 롬바르드족, 아랍인에게 정복당했고, 차례대로 콘스탄티노플과 로마 교황, 피사, 제노바에 지배받은 코르시카는 지리상 프랑스보다 이탈리아에 더 가깝다. 하지만 나폴레옹이 태어난 1769년에 이 섬은 프랑스의 영토였고, 그 이후로도 대체로 그랬다. 다만 영국도 코르시카의 역사에서 한 자리를 차지한다. 영국은 1794년부터 1796년까지 잠시 섬을 점령했다. 영국은 코르시카의 민족주의 지도자 파스콸레 파올리가 레지스탕스 활동을 이끌다 패배했을 때 런던에 피난처를 마련해주기도 했다. 영국 시인 새뮤얼 존슨의 전기를 쓴 작가 제임스 보즈웰은 코르시카의 짧았던 독립 공화정 기간 중인 1765년에 이 섬을 방문했다가 파올리의 대의를 옹호하는 글을 썼다. 〈올빼미와 야옹이The Owl and the Pussycat〉를 비롯해 크게 사랑받은 풍자시를 쓴 에드워드 리어는 1868년에 코르시카를 방문하고 삽화를 곁들인 여행기를 발표했다. 이 책이 인기를 끈 덕분에 코르시카를 찾는 영국인도 늘었다.

코르시카는 온화한 기후를 자랑한다. 짧게 지나가는 겨울은 매섭지만, 더 춥고 습한 영국 출신이 느끼기에는 봄처럼 따스할 뿐이다. 그 덕분에 코르시카는 프랑스 남부와 함께 부유층이 싸늘한 겨울철을 보

호텔의 우아한 외관은 맨몸으로 비바람에 맞서고 있다.

버림받은 호텔 내부는 부식되고 허물어지고 있다.

내는 휴가지로 떠올랐다. 니스에 프로메나데데장글레Promenade des Anglais (영국인 산책로)가 있듯이, 코르시카의 비자보나Vizzavona 근처 험준한 아뇨녜계곡에는 '카스카데데장글레Cascades des Anglais(영국인 폭포)'로 불리는 폭포가 있다. 19세기 말에 영국인 관광객이 소풍을 오는 곳으로 인기 있었기 때문에 붙은 이름이다. 한때는 다들 당나귀를 타고 울퉁불퉁한 바윗길을 따라 이 아름다운 곳으로 왔지만, 1880년대와 1890년대에 철도가 건설되면서 코르시카를 누비는 일이 한결 수월해졌다. 코르시카의 어지럽고 변덕스러운 지형에 철도를 까는 일은 터널을 40군데 넘게 뚫고, 다리를 최소한 70군데 정도 세우고, 고가도로와 제방과 굴착 수로를 수없이 만드는 등 공학적 독창성을 발휘해야 하는 까다로운 작업이었다. 코르테에서 출발해 비자보나에 이르는 노선은 1893년에 완공되었다. 이 철로를 주도 아작시오까지 연결하는 데는 산을 뚫고 4킬로미터나 이어지는 터널이 필요했다.

비자보나역 개발과 맞물려서 근처에 호텔도 들어섰다. 부유하고 여유로운 관광객의 세련된 취향에 맞춰서 설계한 호텔이었다. 그랑오텔드라포레Grand Hôtel de la Fôret는 테니스코트와 무도회장, 매력적인 안뜰을 갖추었으며, 겨울에는 개간한 숲속에서 불이 활활 타오르는 장작 난로와 스케이트 링크까지 제공했다. 곧 영국 귀족들이 호텔로 찾아와서 낭만적인 고산 풍경과 품격 높은 서비스를 한껏 즐겼다. 그런데 1920년대가 되자 돈 많은 방문객의 흐름이 뚝 끊겼다. 이탈리아와 프랑스의 리비에라 지방이 새롭게 유행하는 피한지가 되어 관광객을 채

어갔다. 제2차 세계대전 무렵 코르시카에서는 무솔리니를 지지하는 분파가 활개를 쳤고, 결국 이탈리아와 독일의 군대가 섬을 점령했다. 전쟁이 끝난 후에도 그랑오텔드라포레는 영업을 재개할 수 없었고, 몇십 년 동안 텅 빈 채 버려졌다. 요즘에는 건물 파사드의 정교한 몰딩이 무너지고 있고, 계단과 테라스가 숲에 천천히 갉아 먹히고 있다. 한때 고상한 오락이 열리던 곳에서는 양 떼가 풀을 뜯어 먹는다. 하지만 이 황량한 호텔은 그림처럼 아름다운 풍경으로 남아 있다. 두 주 동안 코르시카의 산을 타는 고된 등산 코스 GR20 또는 프라일몬티 Fra li Monti를 오르는 등산객은 이 호텔을 보며 감탄하곤 한다.

'카멜롯'이란 이름의
저주

카멜롯 테마파크

영국, 촐리

바위에서 뽑아낸 검 엑스칼리버, 의협심 있는 기사들이 둘러앉은 카멜롯 궁정의 원탁, 마법사 멀린, 사악한 이복누이 모르가나, 아름답지만 부정을 저지른 아내 귀네비어까지, 아서왕은 전설적인 존재다. 학계는 대체로 아서왕이 실존 인물이 아니라 신화적인 가공의 인물이라고 생각한다. 그는 아마 한껏 흥분한 필경사와 궁정 시인, 거리의 가수, 떠돌이 음유시인의 작품이었을 것이다.

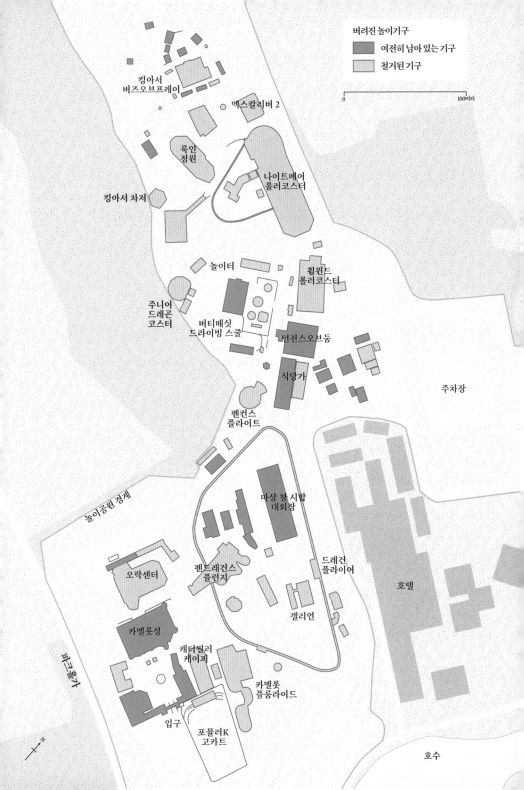

버려진 놀이기구

여전히 남아 있는 기구

철거된 기구

0   100미터

킹아서
버즈오브프레이

엑스칼리버 2

룩인
정원

킹아서 차저

나이트매어
롤러코스터

놀이터

휠윈드
롤러코스터

주니어
드래곤
코스터

버티배싯
드라이빙 스쿨

텀전스오브둠

식당가

주차장

펜컨스
플라이트

놀이공원 경계

마상 창 시합
대회장

드래건
플라이어

오락센터

펜드래건스
플런지

갤리언

호텔

카멜롯성

캐터필러
케이퍼

카멜롯
플룸라이드

입구

포퓰러K
고카트

호수

'과거와 미래의 왕'으로 불리는 아서왕은 웨일스의 수도승 네니우스가 옛 음유시인의 작품을 바탕 삼아 서기 830년경에 라틴어로 쓴 《브리튼족의 역사》에 처음 등장한다. 네니우스의 글에서 아서는 앵글로색슨 침략자를 물리치기 위해 12차례나 전투에 나선 강력한 전사로 그려진다. 이후 12세기 초에 몬머스의 제프리가 연대기 《브리타니아 열왕사》에서 아서왕의 가계도와 왕위, 행적을 훨씬 더 구체적으로 설명했다. 이 책에서 아서는 우서 펜드래건의 아들로 콘월의 틴태절에서 태어났고, 마법의 칼을 얻게 되며, 마법사 멀린에게 도움을 받고, 어여쁜 아내를 맞이한다. 아서 이야기가 바다 건너로 전해지자 프랑스의 중세 시인들이 열광하며 받아들였다. 와스Wace나 크레티앵 드 트루아Chrétien de Troyes 같은 시인은 아서왕 전설을 한껏 윤색했다. 특히 크레티앵은 아서왕 로맨스를 여러 버전으로 지었다. 가장 충성스럽고 기량이 뛰어난 기사 랑슬로 뒤 라크, 즉 랜슬럿이라는 캐릭터를 도입한 작가도, 랜슬럿과 귀네비어의 비극적인 사랑을 처음 이야기한 작가도 크레티앵이라고 한다. 이후 영불해협 양편의 두 나라에서 무수한 무명 작가가 아서왕 전설에 살을 덧붙였다. 마침내 15세기에 토머스 맬러리가 프랑스와 영국의 다양한 시와 설화를 엮어서 아서왕 영웅담을 설득력 있게 다루는 산문 《아서왕의 죽음》을 썼다. 이 글은 토머스 캑스턴이 1485년에 출간했다.

　　훗날 아서왕에 관한 거의 모든 책과 연극, 영화의 바탕이 되는 맬러리의 책은 피비린내 나는 장미전쟁의 소용돌이 한가운데서 지어졌다. 시류를 잘못 읽었던 맬러리는 요크 가문의 에드워드 4세가 워릭 백작의 반란군을 쳐부순 바로 그 순간 요크파에서 랭커스터파로 편을 바꾸었다. 결국 그는 1469년부터 1470년까지 런던의 뉴게이트 감옥에 갇혀 괴롭게 지냈다. 틀림없이 맬러리는 사라지고 없는 옛 기사도의 영광을 되살리는 데 뛰어났다. 그러나 그는 고귀한 신사와는 거리가 멀었다. 토머스 맬러리는 워릭셔와 노샘프턴셔에 영지가 있긴 했으나, 감옥을 제집처럼 드나드는 범죄자였다. 장미전쟁 기간에 투옥되기 전에도 숱한 폭행과 절도로 고발당했고, 강간을 계획했다는 혐의도 최소한 두 건 있다.

맬러리는 아서왕의 카멜롯 궁전이 윈체스터에 있다고 설정했다. 햄프셔의 윈체스터는 9세기에 데인족의 침략을 막았으나 빵을 굽는 데는 소질이 없었던 웨섹스의 알프레드 대왕이 (사실상) 수도로 삼았던 도시다(알프레드는 바이킹을 피해 도망가던 중 어느 농가에 묵었다고 한다. 빵을 굽던 아낙이 그에게 빵이 타지 않도록 지켜봐달라고 부탁했는데, 그가 걱정거리에 정신이 팔려서 빵을 태우고 말았다. 결국 왕은 호되게 야단맞았다고 한다-옮긴이). 전설적인 왕의 궁전을 품었으리라고 추정되는 영예로운 후보지로는 윈체스터 외에도 여러 곳이 물망에 올랐다. 그 가운데는 웨일스 남부의 칼레온, 잉글랜드 남서부 서머싯의 여빌 근처 캐드버리성, 글로스터셔의 시런세스터가 있다. 아서왕이 태어난 곳으로 꼽히는 곳도 다양하다. 웨일스와 브르타뉴, 스코틀랜드, 콘월, 요크셔가 저마다 아서왕의 출생지라고 주장한다.

하지만 아서왕 전설은 왕에게만 국한되지 않는다. 랭커셔는 랜슬럿이 성장한 지역이라는 구전을 자랑한다. 더불어 랜슬럿이 어렸을 때 님프 비비안이 꾀어서 몰래 데려갔다는 호수, 마틴미어도 있다. 동쪽의 러필드에서 랭커셔를 가로질러 서쪽의 처치타운까지 뻗어 있는 이 호수는 한때 이 일대에서 가장 큰 수역이었다. 하지만 17세기와 18세기에 지역 지주이자 농업 '개량인' 토머스 플리트우드와 토머스 에클스턴이 귀중한 농지를 만들고자 호수에서 물을 빼버렸다.

랭커셔의 촐리Chorley 바로 바깥에 테마파크 '카멜롯'이 들어선 것도 이 모든 신화와 전설 덕분일 것이다. 차녹리처드Charnock Richard 마을의 목가적인 계곡 속 푸르른 들판에는 아서왕 전설을 중심으로 꾸며놓은 56만 6000제곱미터 면적의 테마파크가 있다. 1983년에 문을 연 테마파크는 스스로 '마법 왕국 카멜롯'이라고 소개하고, 온 가족에게 '마법 같은 하루 여행'을 선사한다고 자랑했다. 1983년은 T. H. 화이트의 소설 《돌에 박힌 검》을 각색한 디즈니의 고전 애니메이션 〈아서왕의 검: 아서왕 이야기〉가 개봉 20주년을 맞아 극장에서 재개봉한 해다. 더욱이 그즈음에는 〈던전 앤드 드래곤Dungeons and Dragons〉 같은 판타지 롤플레잉 게임도 한창 인기를 끌었다. 그 덕분에 카멜롯 테마파크는 대중의 상상력을 사로잡았다. 관광객은 꼭대기에 작은 탑을 갖춘 정문을 통과한 후 멀린의 마법사 학교에 입학하거나, 마상 창 시합을 구경하거나, 펜드래건스 플런지라는 워터래프팅 기구를 타며 스릴을 즐기거나, 아찔하게 털털거리는 나이트메어 롤러코스터를 타고 배짱을 시험

카멜롯 테마파크에는 팔다리가 부러진 이 모형들처럼
섬뜩한 흔적이 남아 있다.

해볼 수 있었다. 아이들이 동물을 만질 수 있는 동물원 '스콰이어 범킨스 프렌들리 팜(시골뜨기 신사의 친절한 농장이라는 뜻–옮긴이)'도 있었다. 아서왕 전설이라는 주제에서 다소 벗어나긴 했지만, 그 대신 먼 옛날 봉건시대에 모두 기사가 될 수는 없었으며 누군가는 반드시 가축 분뇨 속에 무릎 깊이까지 빠진 채 돼지와 뒹굴어야 했다는 사실을 확실하게 보여주었을 것이다.

카멜롯 테마파크의 전성기 때는 한 해에 약 100만 명이 방문했다. 1999년에는 올해의 북서부 관광지로 선정되기까지 했다. 2002년에는 올해의 랭커셔 가족 관광지로도 뽑혔다. 그런데 카멜롯 성문을 터벅터벅 통과하는 관광객 수가 3년 만에 33만 6204명으로 곤두박질쳤다. 2012년, 카멜롯은 런던 하계올림픽과 엘리자베스 여왕의 즉위

짜릿한 전율을 원하는 사람들에게 최고의 놀이기구였던
나이트메어 롤러코스터는 버림받은 채 녹이 슬었다.

60주년 경축 행사와 치열한 경쟁을 벌였다. 하필 여름 날씨도 궂었다. 하락하는 매출과 마지막 전투를 치렀던 테마파크는 결국 영영 문을 닫았다. 놀이기구는 대부분 해체되어서 다른 지역의 놀이공원으로 옮겨졌다. 하지만 거대한 나이트메어 롤러코스터—근처 M6 고속도로에서도 보이는 카멜롯의 상징—는 2020년 2월이 되어서야 마침내 분해되었다. 공원 터에 새로운 주택을 짓겠다는 건축 허가를 둘러싸고 논쟁이 끝나지 않은 탓에 테마파크의 다른 기구 대다수는 아직도 제자리에 남아 있다.

인제 와서 돌이켜보면, 선례도 그다지 고무적이지 못했던 것 같다. 카멜롯이라는 이름이 붙은 것은 전부 끝이 좋지 못했다. 카멜롯의 슬픈 운명은 맬러리의 책 제목에도 이미 나와 있지 않은가. 게다가 아서왕의 매력은 그가 결코 존재한 적 없던 왕국을 대표한다는 사실에 있다. 오래전에 황금기를 떠나보내고 문을 닫은 카멜롯 테마파크와 판지로 만든 성, 판자로 구멍을 막아놓은 키오스크도 더 나은 어제라는 비슷한 꿈을 보여준다. 갑옷을 입은 기사로 붐비고 가족들이 행복하게 솜사탕을 먹던 순진무구했던 시절은 끝나버린 지 오래다. 멀린이 요술 지팡이를 흔들더라도 그 시절은 되살아나지 못할 것이다.

프랭크 시내트라가 사랑했던
'사막의 기적'

◉

솔턴시리비에라
미국, 캘리포니아

휴양과 오락, 휴식을 위한 시설을 의미하는 영어 단어 'resort'는 '다시 나가다' 또는 '도움을 구하러 가다'를 뜻하는 옛 프랑스어 're-sortir'에서 유래했다. 이 낱말은 사람들이 온천 도시와 바닷가 해수욕장, 시골 별장에서 건강을 챙겼던 과거를 넌지시 내비친다. 1950년대에 솔턴시리비에라는 미국에서 가장 큰 리조트 가운데 하나였다. 심지어 요세미티국립공원보다 관광객을 더 많이 끌어들였다. 하지만 오늘날 이곳의 물과 모래는 오염되었고, 솔턴시Salton Sea 물가는 도움이 절실한 종말론적 불모지가 되었다.

솔턴시는 1905년 이전에는 존재하지 않았다. 솔턴시의 탄생은 '사막의 기적'으로 묘사되곤 했다. 요즘에는 대체로 우주에서도 보이는 '사고accident'로 더 정확하게 표현된다. 그러나 솔턴시의 탄생은 여전히 경이롭다. 임페리얼밸리 안의 솔턴시는 캘리포니아에서 가장 커다란 담수호였다. 콜로라도사막의 분지 내부, 해수면에서 약 70미터 아래에 있는 이곳에 호수가 생겨나기 전에는 양질 모래와 청회색 안개나무밖에 없었다.

애리조나주와 멕시코와 경계를 맞댄 임페리얼밸리는 캘리포니아주의 남동쪽 모퉁이에 있다. 19세기 말까지만 해도 이 건조한 곳에 아무도 살지 않았다. 그런데 콜로라도강의 물길을 애리조나 유마Yuma에서 끊고 물길을 돌려 농지에 물을 대는 수로가 만들어졌다. 임페리얼밸리의 토양은 입자가 고우며, 물을 충분히 주면 굉장히 비옥해진다. 그 덕분에 이 일대에 사람들이 모여들어서 알팔파와 토마토, 비트, 상추, 딸기, 아스파라거스, 양파, 당근, 멜론, 캔털루프 멜론, 포도를 키우고, 소 떼를 쳤다. 칼렉시코와 엘센트로, 임페리얼, 브롤리 같은 마을이 채소밭과 과수원 옆에 생겨나서 번창했다.

1905년, 폭우와 산에서 눈이 녹은 물 때문에 콜로라도강이 범람했다. 강물은 임페리얼밸리의 제방을 무너뜨렸고, 거의 18개월 동안 계곡의 솔턴분지로 세차게 흘러 들어갔다. 결국 시어도어 루스벨트

미국

로스앤젤레스

솔턴시

콜로라도강

샌디에이고 ○ ───── ○ 유마

태평양 멕시코

칼리포르니아만

초콜릿산맥

화이트워터강

데저트비치

데저트쇼어스
솔턴시비치

봄베이비치

솔턴시티 ●

솔턴시

이스트하이라인 수로

콜로라도강

샌펠리페크릭

칼리패트리아 ○

웨스트모어랜드 ○

뉴강

브롤리

앨라모강

임페리얼댐 ─

코첼라 수로

임페리얼
밸리

임페리얼 ○

케리조워시강

엘센트로 ○

코요테워시강

올아메리칸 수로

유마

길라강

칼렉시코 ○

멕시칼리 ○

모렐로스댐

앨리모케넬강

핀토워시강

산루이스리오
콜로라도

콜로라도강

미국
멕시코

후아레스산맥

라구나살라다
분지

로스쿠쿠파산맥

콜로라도강
삼각주

콜로라도강

● 솔턴시의 옛 리조트들

0 ─────────── 20킬로미터

N

몬타규섬

칼리포르니아만

솔턴베이모터호텔에서 1960년에 만든 이 엽서에는
호텔이 제공하는 즐거움이 나와 있다.

대통령의 명령으로 서던퍼시픽철도회사Southern Pacific Railroad의 엔지니어
들이 투입되었다. 이들은 자갈과 바위, 모래를 강물에 쏟아부어서 물
길을 다시 바꾸고 과거의 평화를 되찾았다. 하지만 홍수는 길이 56킬
로미터, 너비 24킬로미터에 달하는 거대한 내륙 호수를 남겨놓았다.
빗물이나 산과 주변 농경지에서 흘러들어온 물 덕분에 이 맑고 푸른
호수는 끝내 마르지 않았고, 얼마 안 가 솔턴시라는 이름을 얻었다. 장
기적으로 볼 때 솔턴시의 탄생은 걱정스러운 결과를 불러왔다.

하지만 1920년대에는 솔턴시의 전망이 장밋빛으로만 보였다. 당
시 팜스프링스가 할리우드 왕족이 건강을 돌보는 휴양지로 부상해서
엄청난 인기를 누리자, 겨우 72킬로미터 떨어진 솔턴시 역시 사막 휴
가지로 성공할 것 같았다. 낚시꾼을 유혹하기 위해 호수에 여러 동갈
민어 종과 백색 참돔, 틸라피아 같은 물고기를 풀어놓으니 해오라기

한때 인기 있는 리조트였던 솔턴시티는 이제 유령 도시가 되었다.

와 왜가리, 제비갈매기, 되부리장다리물떼새, 장다리물떼새 같은 철새까지 찾아왔다. 희귀 조류 관찰자들도, 자연을 사랑하는 사람들도 솔턴시로 즐겁게 모여들었다.

제2차 세계대전 이후 호황기에는 낚시 대회와 요트 경주, 고속 모터보트 경주도 열렸다. 홍보 자료는 솔턴시의 물이 "세상에서 가장 빠르다"라고 자랑했으며, "낮은 해발고도와 (…) 더 높은 농도"가 "보트의 프로펠러에 (…) 어마어마한 힘을 주는 데" 유용할 것이라고 주장했다. 홍보 문구 덕에 데시 아나즈와 프랭크 시내트라, 딘 마틴 등 씀씀이가 헤픈 유명인사는 물론이고 그들을 쫓아다니며 귀찮게 구는 기자들까지 솔턴시로 대거 몰려들었다. 이 방문객들은 날씨가 화창하고, 다양한 대회가 치열하게 벌어지고, 일상이 느긋하고, 어딜 가나 미인선발대회가 열리는 곳에서 술독에 빠져 있기를 바랄 뿐이었다.

부동산 개발업자가 뛰어들면서 평범한 낚시터와 스낵 가게, 기념품 좌판은 강변 호텔과 레스토랑, 요트 정박지로 빠르게 바뀌었다. 완전히 새로운 리조트타운인 솔턴샌즈와 봄베이비치가 호수 물가를 따라 생겨났다. 헬렌스플레이스와 호프브루에서는 근사한 식사를 즐기며 칵테일에 취할 수 있었다. 1958년, 백만장자 석유 재벌 레이 라이언과 트래브 로저스가 호숫가 땅을 사들였다. 이들이 200만 달러를 들여 노스쇼어 모텔과 노스쇼어비치, 요트클럽 단지를 만드는 바람에 솔턴시의 부동산 개발 판돈도 올라갔다. 1962년에 문을 연 이곳의 요트 계류장은 캘리포니아 남부에서 규모가 가장 큰 곳 중 하나라고 광고되었다. 코미디언 제리 루이스와 배우 그루초 막스도 이 정박지에 요트를 댔다. 더불어 비치보이스와 포인터시스터스를 비롯해 다양한 배우와 가수가 이 호텔의 댄스홀에서 공연했다.

슬프게도 이 모든 활동에 생명력을 불어넣었던 호수가 주변 자연환경에 속수무책으로 휘둘렸다. 주기적 강우라는 이상 현상과 농지 배수 때문에 호수의 수위가 높아졌고, 1970년대 말이 되자 호숫가의 건물 다수가 손상되었다. 게다가 호숫물도 염도가 심각하게 높아지고 위험할 만큼 오염되었다. 자연 발생하는 암염과 주변 농지에서 흘러나오는 화학 비료와 살충제가 서서히 호수에 스며든 탓이었다. 그런데 기온이 오르고 가뭄이 흔해지면서 자연 배수구가 없는 호수가 증발하기 시작했고, 마른 땅이 약 81제곱킬로미터나 생겨났다. 이런 땅에는 유독성 퇴적물이 두껍게 쌓였다. 독성 물질 때문에 호숫물에서 산소가 사라지자 물고기가 떼죽음을 당해 호숫가로 밀려왔다. 사탕을 입에 물고 느긋하게 돌아다니는 휴양객으로 붐비던 호숫가에서 죽은 물고기가 썩어갔다. 호수도 유황 냄새를 풍기기 시작했다. 후퇴하는 호수가 남겨놓은 화학 잔여물에서 유독한 먼짓가루가 생겨났고, 바람이 거센 날이면 모래와 함께 호숫가로 날아왔다. 솔턴시는 별안간 매력을 잃었다. 이제는 하바수호Lake Havasu와 이리호Lake Erie, 디모인Lake Des Moines, 아이다호Lake Idaho 등 솔턴시만 아니라면 어디든 더 나은 휴가지로 보였다. 밀물처럼 밀려오던 방문객 숫자가 바싹 말라버렸다. 영업 시설들이 파산하고, 은행이 담보권을 행사하고, 식당과 바, 모텔이 문을 닫으면서 지상 낙원이었던 솔턴시는 황폐한 지옥으로 변했다. 오늘날, 솔턴시 주변 지역 주민의 천식 및 다른 호흡기 질환 발병률은 평균보다 높다. 솔턴시는 단순히 병들었을 뿐만 아니라 인근에 사는 사람들에게도 몹시 해로운 것 같다. 솔턴시에 지난 세기 중반의 영광이 다시 돌아올 가능성은 거의 없다. 다만 2018년에 캘리포니아주에서 2억 달러 기금을 투자하기로 결정했다. 주 당국은 오염된 모래 속의 위험 물질이 퍼지지 않도록 습지를 조성할 계획이다. 어쩌면 솔턴시가 더 파괴되지 않도록 구할 수 있을지도 모른다.

수족관이 된
쇼핑몰

뉴월드몰
태국, 방콕

　향수병은 망명자라면 거의 누구나 앓는 병이다. 1938년에 나치가 오스트리아를 합병하자 조국을 떠난 빈 출신 유대인 건축가 빅터 그루언 같은 이들은 코스모폴리탄 세계를 뒤로하고 달아났다. 그들이 떠난 세계는 영원히 파괴되었다. 그들이 돌아갈 곳도 영영 사라졌다. 그들이 알았던 장소도, 사람도 모두 없어졌다. 유일하게 남은 것은 잃어버린 것에 관한 기억뿐이다.

삼센로
위즈카샷로
슴낍프라판끌라오로
프라핀끌라오
다리
차나송크람 사원
뉴월드몰
짜끄리붕세로
국립박물관
랏차담노엔클랑로
제오프라야강
마한나하람 사원
로하쁘라삿 사원
마하탓 사원
사남루앙
광장
사켓 사원
시청
대법원
방콕
마하치이로
프라케우 사원
수탓테프와라람 사원
왕궁
국방부
왓사남로
틴통
폰나콘로
프라체투폰 사원
마하랏로
아룬 사원
N

0   500미터

좌파 지식인 그루언은 영어를 한마디도 할 줄 모른 채로 미국으로 건너갔다. 빈미술아카데미Akademie der bildenden Künste Wien에서 공부했던 그는 빈의 정치 무대에 참여했고, 근대 건축과 도시 계획에 관한 사회주의 유토피아 이론에 푹 빠져 지냈다. 빈에서 그는 이런 이론을 반영해 널찍하고 환한 판유리로 상점 정면을 설계했다. 이 설계는 미국에서도 계속 이어졌다. 그는 미국에 정착한 지 1년 만에 유럽의 고급 가죽 제품 회사 리데르드파리Lederer de Paris의 뉴욕 5번가 부티크를 디자인했다. 리데르드파리가 미국에 처음으로 낸 매장이었다.

1940년대에 그루언은 의류 체인 그레이슨스Grayson's 등을 위해 백화점, 혹은 르코르뷔지에의 의견에 찬성하며 '판매 기계machines for selling'라고 이름 붙인 건축물을 지었다. 또한 그는 로스앤젤레스로 이주했다. 당시 이 도시는 중부 유럽에서 망명한 예술가들의 안식처였다. 극작가 베르톨트 브레히트, 작가 토마스 만과 비키 바움, 알프레트 되블린, 철학자 테오도르 아도르노, 지휘자 브루노 발터, 작곡가 구스타프 말러와 사별한 알마 말러 베르펠이 로스앤젤레스에 있었다. 영화와 자동차로 대변되는 로스앤젤레스는 태평양 옆에서 제멋대로 뻗어나가는 대도시였다. 이곳에서 살아가는 다른 난민들처럼 그루언 역시 유럽 도시의 친밀함과 느긋함, 쾌활함을 갈망했다. 널찍한 보도와 웅장한 광장, 지붕이 있는 쇼핑 아케이드를 갖춘 파리나 빈 같은 유럽 도시는 편하게 거닐기에 완벽했다. 그는 1943년 건축 잡지《건축 포럼 Architectural Forum》에 기고한 글에서 전형적인 미국 쇼핑몰의 청사진이 될

개념을 처음으로 설명했다. 원래 이 건축물은 로스앤젤레스나 다른 도시의 기다란 쇼핑 거리와 무질서한 번화가에 대한 대안으로 고안되었다. 그루언은 미국 대도시에서는 오로지 자동차를 이용해야만 도시 상점가에 접근할 수 있어서 사람들끼리 접촉할 수 없고, 도시가 무분별하게 확산되는 경우가 늘어난다고 불평했다. 그는 상점을 도시의 주요 도로에서 보행자용 통로와 녹지를 갖춘 통일된 건물 내부로 옮기자고 제안했다. 이런 건물은 혼잡한 교통이 없어 쾌적하고 청결하며 사람들이 걸어 다니면서 물건을 살 수 있는 공간이었다. 카페와 다른 편의시설도 마련되어 있어서 쇼핑객이 편히 쉴 수 있기도 했다. 사회적 영향력을 지닌 전통적 중심지가 없는 교외에 이런 건물을 세운다면 공동체 의식과 유쾌한 분위기도 기를 수 있을 터였다.

1956년, 그루언은 이 발상을 일부 실현해볼 기회를 얻었다. 미네소타주 에디나Edina에 미국 최초의 폐쇄형 쇼핑몰인 사우스데일센터 Southdale Center를 설계한 것이다. 에스컬레이터로 연결된 2층짜리 건물 안에는 카페와 조각상과 유칼립투스와 목련을 품은 정원을 둘러싸고 가게들이 죽 늘어섰다. 건물 전체에 에어컨과 난방 장치가 설치되었고, 지붕이 비바람을 막아주었다. 미네소타 에디나의 날씨가 겨울에는 얼어붙을 듯 춥고 여름에는 숨 막힐 듯 덥다는 사실을 알아차린 그루언은 바깥 날씨와 상관없는 쇼핑몰만의 국지 기후를 만들어내려고 애썼다. 사우스데일센터는 즉시 성공을 거두었고, 전후 시기에 가장 영향력 있는 건물 가운데 하나가 되었다. 사우스데일을 모방한 쇼핑센터가 미국 전역에 생겨나더니 마침내 전 세계에 수출되었다. 1964년까지 미국에서 쇼핑센터가 7600군데나 들어섰고, 그중 다수는 새로운 교외 주택 개발을 위해 지어졌다. 1972년까지 새로 건설된 쇼핑센터의 숫자는 두 배 이상으로 늘어났다. 1990년에 미국인은 지역 쇼핑몰에 매달 평균 네 번 방문했다. 그루언은 교외의 팽창을 억제하려고 설계한 쇼핑몰이 사실상 교외의 팽창을 부추겼다는 데 크게 충격받았고, 쇼핑몰을 프랑켄슈타인의 괴물이라고 비난했다. 그는 결국 1960년대에 빈으로 돌아갔다.

그루언은 미네소타의 기후를 염두에 두고 최초의 쇼핑몰을 지었지만, 실내 온도를 제어한 쇼핑 환경이라는 기본 공식은 미네소타보다 더 따뜻한 기후대의 나라에 특히나 적합했다. 오늘날 세계에서 가장 큰 쇼핑몰 일부는 두바이와 말레이시아, 중국, 필리핀, 태국에 있다. 방콕에서 가장 크고 전 세계에서 11번째로 크다는 센트럴월드Central World는 면적이 8만 제곱미터로, "500곳이 넘는 가게, 레스토랑과 카페 100군데, 영화관 15개를 아우른다." 하지만 이상하게도 방콕에서 쇼핑몰의 발상지를 더 많이 상기시키는 곳은 센트럴월드가 아니라 뉴월드몰이다.

뉴월드몰은 그루언이 사망한 지 겨우 2년 후인 1982년에 방콕의 구시가지 방람푸정션Bang Lamphu Junction에 문을 열었다. 강철과 유리로 지어 빛을 내뿜는 이 11층짜리 상업 성지는 근처의 유서 깊은 18세기 유적, 방콕 왕궁에 대한 모욕으로 여겨졌다. 더욱이 총 7개 층에서 건축

모기를 없애려고 들여온 물고기는 결국 2015년에 없애버렸다.

규정을 위반한 사실까지 밝혀졌다. 법정 논쟁을 수없이 거친 후, 쇼핑
몰은 결국 1997년에 강제로 폐쇄되었다. 1999년에는 신원 미상의 사
람들이 쇼핑몰에 불을 지르기까지 했다. 이 사건 이후 건축 규정을 어
긴 층이 해체되었다. 그 결과로 생겨난 4층짜리 건물은 지붕 없이 방
치되었고, 우기의 폭우 탓에 물로 가득 찼다. 한때 쇼핑객이 사치품을
둘러보던 곳이 모기떼로 우글거리는 웅덩이로 변했다. 그러자 주변
상업 시설에서 말라리아 모기가 퍼지지 못하게 막고자 저렴하면서도
효과적인 대책을 필사적으로 찾아 헤맸다. 그들은 잉어와 틸라피아,

메기 등 물고기 수천 마리를 뉴월드몰의 웅덩이에 풀어놓았다. 이 특이한 수족관은 10년 넘게 번창했다. 하지만 방콕 행정 당국이 웅덩이와 물고기 떼를 그대로 둘 수 없다고 판단했다. 2015년, 당국은 끝내 건물에서 물을 모두 빼고 물고기를 포획하여 태국 수산부에 연구용으로 보냈다. 이후 수산부가 물고기를 다른 수역에 방류했다.

버려진 뉴월드몰 건물은 미국 내 수많은 과거와 현재의 쇼핑몰이 겪는 운명, 즉 철거를 기다리고 있다. 교외의 쇠퇴, 온라인 쇼핑으로의 전환, 여러 재정적·사회적·인구학적 변화 때문에 미국 전역에서 쇼핑몰 수백 군데가 문을 닫았다. 아직 남아 있는 쇼핑몰 가운데 최소한 절반은 향후 10년 안에 똑같은 결과를 맞이할 것이다. 쇼핑몰의 몰락은 코로나-19 팬데믹 사태 이후 더 빨라졌다. 하지만 쇼핑몰이라는 개념, 그리고 쇼핑몰이라는 이상은 탄생 60년이 지난 오늘날에도 여전히 향수와 그리움을 불러일으킬 수 있다. 친구들과 쇼핑몰 푸드코트를 돌아다니며 시간을 보내고, 아르바이트를 해서 번 돈으로 좋아하는 밴드의 티셔츠를 사봤던 이들이라면 그리움을 느낄 것이다. 이 향수는 그루언이 빈의 아케이드에 느꼈던 감정만큼이나 강력하다.

그들이 휴양지에
대포를 쏜 이유

◉

쿠파리
크로아티아

두브로브니크에서 남쪽으로 몇 킬로미터 떨어진 주파만Zupa Bay의 쿠파리는 원래 자그마한 어촌 마을이었다. 그러다 제1차 세계대전 직후 휴양지로 탈바꿈했다. 전쟁과 그 여파로 결핵 같은 질병이 퍼지자, 의사들은 병증을 완화하는 치료제로 태양과 바닷바람, 해수욕을 처방했다. 그러자 1919년에 체코의 어느 투자자가 아드리아해에 접한 이곳 달마티아 지방의 한가로운 모래사장에 호텔을 짓는다면 이익을 볼 수 있으리라고 판단했다. 쿠파리의 새 호텔은 그랜드 호텔이라는 이름만큼이나 웅장한 규모를 자랑했다. 흰색 치장 벽토로 만든 장엄한 신고전주의 건물은 오스트리아헝가리제국이 통치하던 우아한 구세계에 경의를 표했다. 하지만 이와 동시에 크로아티아가 합스부르크 왕가의 지배에서 벗어나 갓 탄생한 유고슬라비아왕국의 일원이 된 신세계를 향한 믿음도 강조했다. 쿠파리는 한동안 상당히 고급스러운 휴양지 자리를 지켰다. 사치스러운 그랜드 호텔의 고객 역시 호화로우면서도 차분한 분위기를 중요하게 여기는 상류층이었다. 공교롭게도 그랜드 호텔을 특히나 좋아했던 고객 가운데는 요시프 브로즈 티토도 있다.

　　제2차 세계대전 이후 설립된 유고슬라비아 사회주의연방공화국의 대통령인 티토는 1980년에 사망할 때까지 사실상 독재자로 군림했다. 1960년대에 티토와 공산당 관료들은 계획 경제 방침에 따라 쿠파리를 유고슬라비아 인민군Jugoslavenska Narodna Armija(JNA) 인사를 위한 휴양지로 지정했다. 티토를 섬기는 군대 최고위층은 당연히 그랜드 호텔에서 휴가를 보냈다. 일반 사병을 수용하기 위해 호텔 다섯 곳 - 펠레그린 호텔과 쿠파리 호텔, 믈라도스트 호텔, 제1 고리치나 호텔, 제2 고리치나 호텔 - 과 캠프장 한 군데가 더 지어져서 20년 동안 운영되었다. 당시 휴양지를 조성하느라 군대가 들인 자금을 오늘날 가치로 환산하면 5억 유로쯤 된다. 군 관계자가 아니라면 쿠파리 체류 허가를 받기가 어려웠지만, 1980년대 들어서는 쿠파리의 호텔들이 해외 방

한때 인기 있는 관광지였던 쿠파리의 호텔 건물들은
두브로브니크 공방전 때 손상되었다.

허물어진 호텔의 내부에는 화려했던 과거의 흔적이 남아 있다.

문객도 받기 시작했다. 곧 유고슬라비아는 스페인과 더불어 영국인이 가장 선호하는 휴가지로 떠올랐다.

그런데 소비에트연방이 무너지면서 유고슬라비아 내 크로아티아인과 보스니아인, 세르비아인 사이의 오랜 긴장이 폭발했다. 결국 1991년, 국토전쟁(또는 크로아티아 독립전쟁)이 터졌다. 두브로브니크 포위 공방전이 벌어졌을 때 크로아티아 군대가 쿠파리의 주요 호텔들을 점령했다. 그러자 JNA는 막대한 자금을 들이부었을 뿐만 아니라 군 인사 대다수가 해마다 즐겁게 여름 휴가를 보낸 휴양지에 포화를

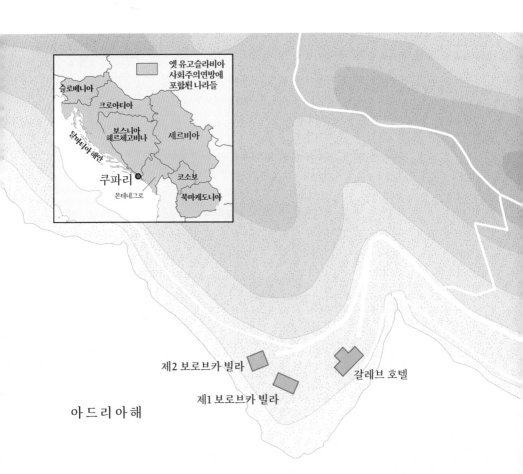

퍼부었다. 햇볕에 흠뻑 젖었던 나날들에 얽힌 추억이 아무런 힘도 쓰지 못했는지, JNA는 나중에 쿠파리 통제권을 되찾고도 마을에 백린탄을 쏟아부었다.

전쟁의 여파로 크로아티아 군대는 휴양지 안에 기지를 설치하고 2001년까지 머물렀다. 두브로브니크는 힘겹게 옛 영광을 되찾았다. 크게 히트한 텔레비전 시리즈 〈왕좌의 게임〉 속 배경으로 등장한 덕분에 두브로브니크의 관광 산업은 기하급수적으로 성장했다. 그러나 포탄 자국으로 뒤덮이고 전쟁에 짓밟힌 쿠파리의 호텔들은 그만한 관

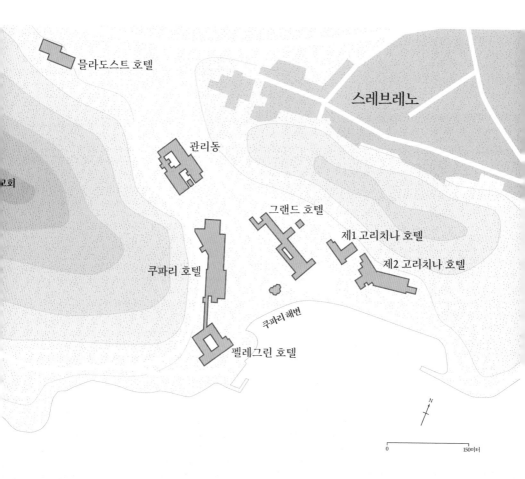

심도 보살핌도 받지 못했다. 쿠파리 마을은 여전히 잠들어 있다. 그랜드 호텔을 제외하고 모든 건물이 철거될 예정이다. 쿠파리를 관광 지도에서 되살리겠다는 계획도 제안되었지만, 아직 실현되지 않았다. 포탄 파편으로 뒤덮인 콘크리트 파사드, 여기저기 금이 간 채 쓰레기로 가득 찬 수영장, 폭격으로 완전히 파괴된 무도회장은 한때 평화와 휴식, 즐거움을 선사했던 장소에 인간과 탄약이 가할 수 있는 안타까운 피해를 생생하게 보여준다. 하지만 그랜드 호텔이 문을 연 지 한 세기가 지난 지금, 쿠파리가 다시 일어설 수 있다는 희망의 불씨는 여전히 꺼지지 않았다. 이곳의 아름다운 해변은 전성기 못지않게 매력적이다. 쿠파리에서라면 방문객으로 붐비는 이웃 해안 관광지에서 잠시 물러나 한숨 돌릴 수 있을 것이다.

'근대 올림픽의 창시자'와
그리스의 평행이론

◎

헬리니콘 올림픽 단지
그리스, 아테네

　근대 올림픽의 창시자인 피에르 드 쿠베르탱은 "가장 중요한 것은 승리하는 것이 아니라 참여하는 것"이라고 말하곤 했다. 하지만 지난 수십 년 동안 올림픽 대회를 개최하는 영광을 두고 도시들이 벌인 경쟁은 각종 트랙과 필드, 수영장, 체육관에서 벌어지는 경기만큼이나 치열했다. 그러나 헬리니콘에서 확인할 수 있듯, 개최지 경쟁에서 승리를 거머쥔 도시가 얻은 전리품이 언제나 황금빛은 아니다.

올림픽 대회의 기원이 된 올림피아 제전 경기는 고대 그리스의 단 한 군데에서만 열렸다. 바로 펠로폰네소스반도 서부에 있는 도시 국가 엘리스의 성소, 올림피아다. 현대 올림픽처럼 4년마다 열린 고대 올림피아 제전은 그리스의 주신 제우스를 기리는 종교적 축제에서 비롯했다. 전설에 따르면, 기원전 776년에 코로이보스라는 제빵사가 180여 미터 단거리 경주에서 우승하여 최초의 올림피아 경기 승자가 되었다고 한다. 신체 기량과 운동 능력이 교양 있고 유능하며 규율 바른 개인의 특성이자 고귀한 자질이라고 여겼던 군사 사회에서 스포츠와 경기는 종교적·사회적 의례의 중요한 요소였다. 고대 그리스의 올림피아 챔피언은 올리브잎으로 장식한 화관을 쓰고 선물을 후하게 받았을 뿐만 아니라 신처럼 대접받았다. 그들의 경기는 핀다로스 같은 시인이 시로 지어 노래했다.

올림피아드 경기는 그리스가 기원전 146년에 로마에 정복당한 후에도 계속 열렸다. 오히려 로마제국 전역에서 선수들이 참여하며 대회의 범위가 늘어났다. 그러나 경기의 진실성은 줄어들기 시작했다. 올림피아드의 도덕적 지위는 특히 네로 황제의 재위 동안 심각하게 타격받았다. 서기 67년, 전차 경주에 출전한 네로는 경기 도중 전차에서 굴러떨어져 놓고도 자신이 우승자라고 선포했다. 세월이 흘러 테오도시우스 1세는 올림피아 경기에 최후를 선고했다. 기독교를 로마제국의 공식 종교로 지정한 테오도시우스 1세는 올림피아 대회가 이교도 시대의 위험한 잔재라 여겼고, 서기 394년에 대회를 폐지했다.

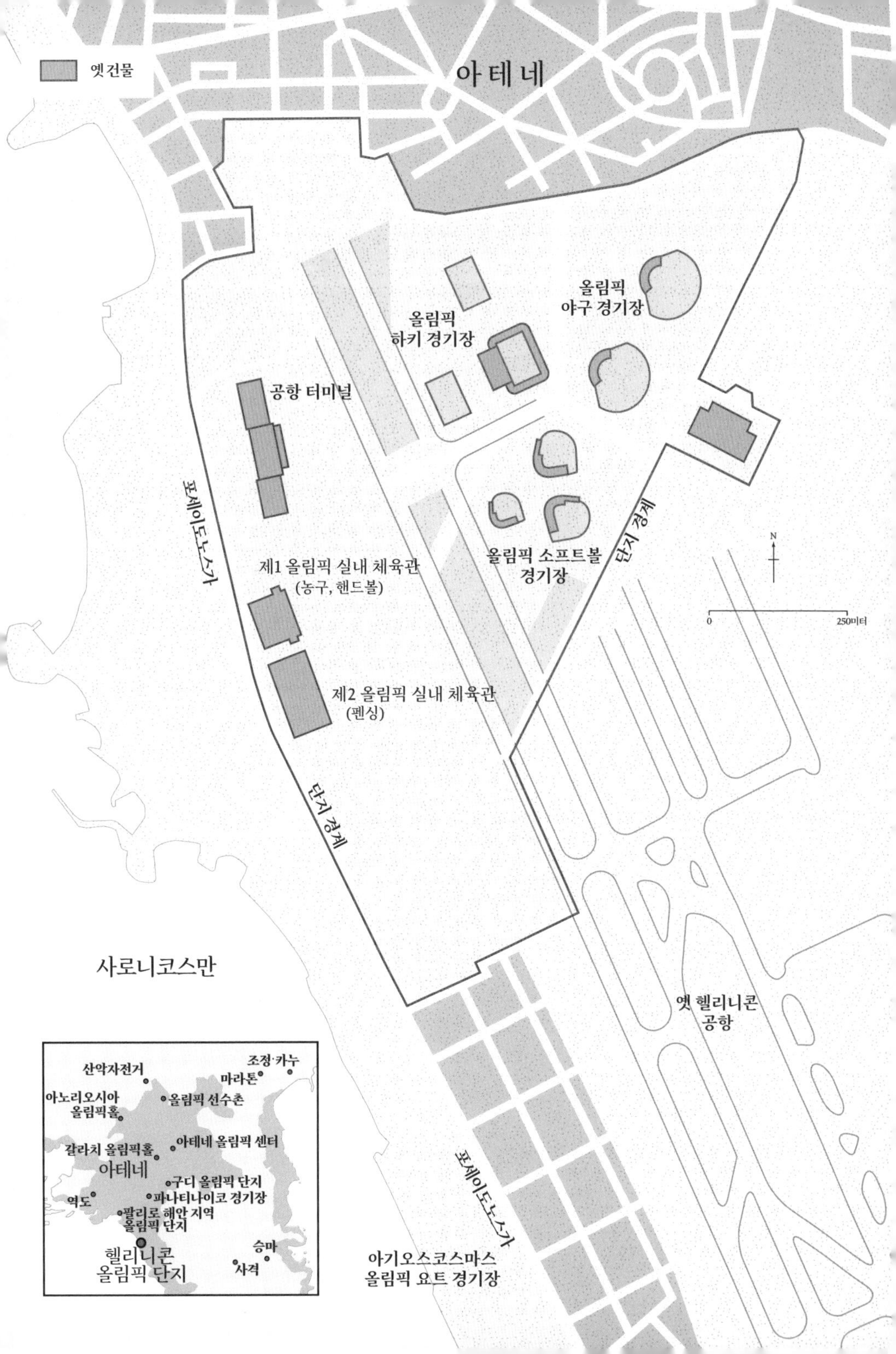

옛 건물

아 테 네

올림픽
야구 경기장

올림픽
하키 경기장

공항 터미널

제1 올림픽 실내 체육관
(농구, 핸드볼)

올림픽 소프트볼
경기장

제2 올림픽 실내 체육관
(펜싱)

포세이도노스가

단지 경계

단지 경계

N

0   250미터

사로니코스만

옛 헬리니콘
공항

포세이도노스가

산악자전거   조정·카누
아노리오시아   마라톤
올림픽홀   올림픽 선수촌

갈라치 올림픽홀   아테네 올림픽 센터
아테네
구디 올림픽 단지
역도   파나티나이코 경기장
팔리로 해안 지역
올림픽 단지

헬리니콘
올림픽 단지   승마
사격

아기오스코스마스
올림픽 요트 경기장

　올림픽은 1500년이 지난 후에야 부활했다. 이 재탄생을 추진한 쿠베르탱은 몸집이 작고 팔자 콧수염을 무성히 기른 프랑스 귀족으로, 조직적 스포츠 경기가 품은 사회적 가치를 굳게 믿는 교육학자였다. 재미있게도 쿠베르탱은 '강건한 기독교muscular Christianity(신앙과 함께 강건한 육체, 활발한 생활을 강조하는 기독교 운동 – 옮긴이)'라는 교리에서 영감을 얻었다. 이 교리는 잉글랜드의 사립 중학교 럭비스쿨에서 존경받는 교장 토머스 아널드 박사가 수립한 교육 체계와 깊이 관련 있다. 특히 1857년 소설《톰 브라운의 학창 시절》이 이 교리를 널리 퍼뜨렸

헬리니콘의 올림픽 야구 경기장은
이제 쓸모를 잃고 텅 비어 있다.

다. 럭비스쿨 출신 토머스 휴즈가 쓴 이 책은 소설이라기보다는 팀 스
포츠와 경쟁적인 경기가 훌륭한 인격을 심어준다고 가르치는 교훈적
이야기에 가깝다. 쿠베르탱은 열두 살에 프랑스어 번역본으로 이 소
설을 처음 읽었다. 이 책이 그의 생애 내내 미친 영향은 아마 헤아릴
수 없을 것이다. 그는 럭비스쿨과 학교 예배당에 있는 아널드의 묘로
순례를 떠나기까지 했다. 그런데 1890년, 쿠베르탱은 잉글랜드를 다
시 방문했다가 슈롭셔의 머치웬록Much Wenlock에서 올림픽 식으로 열린
스포츠 대회에 참석했다. 사회개혁가이자 의사인 윌리엄 페니 브룩스

의 주도로 30년 동안 열린 대회였다. 브룩스는 머치웬록 대회와 비슷하지만 진정으로 세계적인 규모를 갖춘 스포츠 대회가 필요하다고 쿠베르탱을 설득했다. 쿠베르탱은 이 꿈을 실현하는 데 인생을 바쳤다. 마침내 4년 후, 그가 파리 소르본에서 조직한 국제육상대회에서 국제올림픽위원회가 탄생했다. 쿠베르탱은 프랑스의 수도에서 올림피아 경기가 부활하리라고 생각했지만, 위원회 회원들은 올림픽의 기원에 경의를 표하고자 그리스에서 첫 대회를 개최하자고 제안했다. 올림피아에 남은 것이라곤 당시에 막 발굴된 폐허뿐이었기 때문에 아테네가 1896년 제1회 근대 올림픽의 개최지가 되었다. 13개 나라의 운동선수 280명이(여성 선수는 4년 뒤에야 출전할 수 있었다) 시합을 벌였고, 관객도 6만 명 넘게 찾아왔다.

올림픽은 108년 후에 다시 그리스로 돌아왔다. 아테네는 도전자 케이프타운과 스톡홀름, 부에노스아이레스를 따돌리고 경쟁자 로마를 아슬아슬하게 꺾으며 2004년 올림픽 개최권을 따냈다. 그리스 정부는 아테네 외곽의 헬리니콘에 있는 옛 공항 부지에 전 세계가 부러워할 최첨단 스타디움을 짓겠다고 밝혔다. 올림픽 종합단지 건설 프로젝트에만 약 70억 파운드가 들어갔고, 실제로 대회를 개최하는 데는 예산의 두 배가 들어갔다. 올림픽이 열릴 당시 그리스 사람들은 상당히 자부심을 느꼈다. 시설은 최상급이었고, 지역 교통 인프라도 훨씬 개선되었다. 현대 그리스는 조상이 상상조차 하지 못했을 웅장한 스포츠 대회를 열며 영광을 제대로 만끽했다. 하지만 2008년에 금융

위기로 그리스 경제가 무너졌다. 수많은 그리스인은 올림픽으로 인한 과도한 공공 지출이 장기적으로 어떤 비용을 발생시키는지 궁금해하기 시작했다. 이제 그리스에는 이런 시설을 유지하는 데 필요한 자금이 없었다. 주요 스포츠 대회가 전혀 열리지 않는 상황에서 경기 시설 상당수는 그저 심각한 낭비일 뿐이었다. 올림픽 단지는 그리스 사람들의 상처에 퍼붓는 소금이나 다름없었다.

잠재적 재개발 계획이 없지는 않으나 필자가 이 글을 쓰는 지금 헬리니콘의 수상 스포츠·카누 센터는 물이 다 빠진 채 먼지만 풀풀 날린다. 환호하던 관중이 꽉 들어찼던 계단식 관람석에는 잡초가 자라고 있다. 소프트볼 경기장과 비치발리볼 코트도 비슷하게 방치된 채 썩어가고 있다. 섬뜩하게도 올림픽 단지의 모든 시설이 훨씬 더 오래된 올림피아 폐허를 상기시킨다. 2004년 투포환 경기에 다시 사용되었던 고대 경기장 유적도 또 한 번 버려졌다. 하지만 올림픽에는 언제나 승리와 비극이 함께 얽혀 있다. 쿠베르탱은 자신이 힘을 쏟아 조직했던 국제올림픽위원회에서 외면받았고, 1937년에 사실상 무일푼으로 세상을 떴다. 명성 높은 게임에는 언제나 패자가 있다. 이것이 진실이다.

찬란한 영광의 잔해

아프로디테의 탄생지,
분쟁의 중심에 서다

◉

니코시아 국제공항
키프로스

그리스 신화에서 키프로스는 사랑과 아름다움, 다산의 여신 아프로디테가 태어난 곳이다. 아프로디테는 키프로스 파포스 근처 바다의 거품 속에서 솟아올랐다고 한다. 지중해의 이 섬은 동양과 서양의 교차로이자 유럽과 아시아, 아프리카가 만나는 지점이니 아프로디테에게 이보다 더 매혹적인 땅은 없었을 것이다. 키프로스에서는 모래사장이 펼쳐진 바닷가에서 1년 중 300일 이상 햇빛을 즐길 수 있다. 경치가 수려한 산과 향을 풍기는 삼나무, 도금양 관목, 사과 과수원과 포도밭도 있다. 키프로스의 풍경에는 임업과 구리 채굴, 번창한 농업이 뚜렷하게 아로새겨져 있다. 하지만 이 섬의 1만 년 역사는 정복과 전쟁으로 얼룩져 있다. 선사 시대 유적, 고대 그리스·로마 시대의 사원과 욕장, 비잔틴제국의 성당과 모자이크, 프랑크족과 베네치아인이 세운 중세 성과 방어벽, 오스만제국의 모스크, 섬을 식민 지배했던 영국이 만든 공원과 정원은 단순히 키프로스를 그림같이 아름답게 꾸며주는 매력 요소가 아니다. 이 모든 것들은 피비린내 나는 유혈 사태와 순수 예술, 비열한 지정학적·종교적 음모가 가득한 역사를 보여준다. 더욱이 현대 키프로스는 1974년부터 북쪽의 튀르크계 소수 집단과 남쪽의 그리스계 다수 집단으로 사실상 분할되어 있다. 이 분열은 오늘날까지 사라지지 않았다. 2016년에 북키프로스 튀르크공화국은 현지 서머타임제를 포기하고 튀르키예 기준 시간에 맞추겠다고 결정했다. 이는 서로 붙어 있는 남부와 북부가 지리적 현실을 무시하는 별개의 시간 속에서 살아간다는 의미다. 하지만 키프로스가 지난 반세기 동안 겪은 격동을 니코시아 국제공항보다 더 생생하게 상징하는 존재는 없을 것이다.

1930년대에 지어진 니코시아 국제공항은 키프로스의 수도 니코시아에서 서쪽으로 8킬로미터 떨어져 있다. 제2차 세계대전 동안에는 연합군 측의 미국 공군이 이곳을 사용했다. 1940년대 말과 1950년대 초 제트기 시대가 막 열리려던 무렵, 이 공항은 지중해 지역이나 그

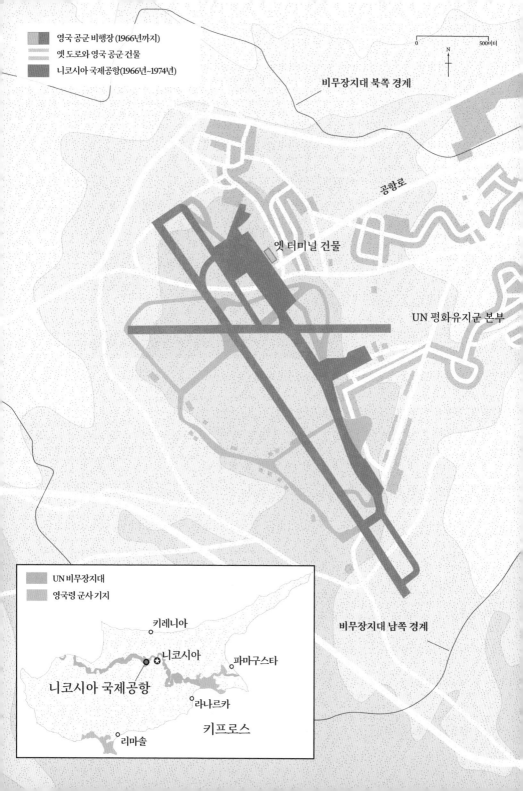

영국 공군 비행장 (1966년까지)
옛 도로와 영국 공군 건물
니코시아 국제공항(1966년~1974년)

0   500미터

N

비무장지대 북쪽 경계

공항로

옛 터미널 건물

UN 평화유지군 본부

UN 비무장지대
영국령 군사 기지

키레니아

니코시아

파마구스타

니코시아 국제공항

라나르카

리마솔

키프로스

비무장지대 남쪽 경계

니코시아 국제공항의 버려진 관제탑. 이 공항은 현재 UN의 비무장지대에 있다.

너머로 떠나는 민간 상업 비행을 지탱하기에는 시설이 다소 부족했다. 그러던 1960년, 키프로스가 1878년에 섬을 점령하고 1914년에 합병한 영국으로부터 독립했다. 1960년대에 키프로스는 때때로 그리스계 인구와 튀르크계 인구 사이의 폭력적 충돌로 상처를 얻었지만, 화려하고 부유한 사람들이 아끼는 휴양지로 떠올랐다. 브리지트 바르도와 리처드 버턴, 엘리자베스 테일러 같은 유명 인사가 키프로스에서 휴가를 즐겼다. 그러자 보통 사람들도 키프로스를 찾아오기 시작했다. 니코시아 국제공항은 쇄도하는 국제 여행객을 맞이하고자 1968년에 센서로 작동하는 자동문과 값비싸고 고급스러운 키오스크, 가

깨진 유리창 너머로 공항 터미널의 옛 모습을 슬쩍 살펴볼 수 있다.

게, 레스토랑을 갖춘 새로운 터미널을 열었다. 관광 산업이 꾸준히 성장한 덕분에 공항은 새 터미널을 개항하고 6년 만에 다시 터미널 확장을 고려했다. 공항 측은 서비스할 수 있는 항공기를 11기에서 16기로 늘린다는 목표를 세웠다. 그러나 안타깝게도 키프로스에서 늘어난 것은 관광객 숫자만이 아니었다. 1974년 7월, 고조되던 민족 간 긴장이 끝내 폭발했다. 그리스 군사 정권을 등에 업은 그리스 민족주의 진영이 마카리오스 정부에 대항해 쿠데타를 일으켰다. 그러자 튀르키예는 키프로스를 무력 침공하는 것으로 응수했다. 점점 심각해지는 분쟁을 피하고자 외국인과 여름철 휴양객이 집단으로 탈출하려고 몰려든 바람에 공항은 대혼돈 상태에 빠졌다. 심지어 공항 주변에서 전투가 벌어지면서 공항의 관제탑과 이착륙장도 폭격당했다.

결국 UN 평화유지군이 충돌 중인 두 분파 사이에 비무장 완충 지대인 그린라인을 설정했다. 니코시아 국제공항은 하필 그린라인 한 가운데에 있었다. 이후로 공항은 가사 상태에 머물러 있다. 이곳은 호사스러운 라운지와 반짝반짝 광택이 도는 수화물 카트로 영원히 대표될 1970년대 항공 시대의 유물이다. 하지만 이 시기는 비행기 공중 납치를 깊이 우려하던 시대이기도 했다. 비행기 탈취는 수많은 신문 사설이 열변을 토하고, 디너파티에서 사람들이 걱정에 휩싸여 수군거리고, 할리우드 블록버스터 재난 영화가 자주 다루던 소재였다.

키프로스항공의 녹슨 트라이던트선제트Trident Sun Jet는 마지막 이륙 시간을 기다리는 듯 아직 활주로 위에 서 있다. 이 비행기의 부품은 충돌이 가장 극심했을 때 다른 항공기에 가져다 쓰느라 다 뜯겨나가고 없다. 안타깝게도 트라이던트선제트의 이륙은 키프로스의 재통일만큼이나 가능성이 없어 보인다. 2020년 10월, 레제프 타이이프 에르도안 튀르키예 대통령의 충실한 협력자인 강경 우파 정치인 에르신 타타르가 북키프로스 튀르크공화국의 대통령으로 선출되었다. 타타르는 키프로스섬이 두 나라로 나뉘어 있는 현 상황을 유지하겠다고 공언했다.

소금사막의 땅은 왜
열차의 무덤이 됐을까

◉

우유니 기차 폐기장
볼리비아

촐리타인Cholita(볼리비아의 아이마라족)은 독특한 전통 의상 덕분에 볼리비아의 토착 민족 중에서 가장 알아보기가 쉽다. 특히 촐리타 여성은 밝은 천으로 짠 원피스와 망토, 스카프, 머리 꼭대기에 높이 얹어서 쓰는 검은색 또는 갈색 중산모 차림으로 유명하다. 다만 이 중산모(영어로는 '볼러bowler', 스페인어로는 '봄빈bombín'이라고 한다)는 남아메리카 고유의 모자가 아니다. 볼러의 창시자는 영국의 군인이자 정치가인 에

217

드워드 코크로 알려져 있다. 코크는 1849년에 런던 세인트제임스가 St James's Street에 있는 모자 가게 락앤드코Lock & Co에 자신의 사냥터를 관리하는 일꾼들을 위한 보호용 모자를 주문했다고 한다. 사냥터지기들이 평소 쓰는 모자는 나무와 덤불의 낮은 가지에 걸려서 떨어지고 헤지기 일쑤였다. 락앤드코는 가게의 주요 장인인 토머스 볼러Thomas Bowler와 윌리엄 볼러William Bowler에게 작업을 맡겼다. 두 사람은 모자 꼭대기가 낮고 둥글며 챙이 좁은 볼러를 만들었다. 요즘 우리에게도 친숙한 이 모자가 어찌나 인기 있었던지, 한동안 런던 금융가에서는 가는 세로줄 무늬 정장에 볼러를 갖추지 않은 회사원을 찾아보기가 어려웠다. (신사의 옷차림새에서 볼러는 우산과 짝을 이루는 경우가 많았다. 모자와 우산 모두 어김없이 내리는 런던의 비를 피하는 데 유용했기 때문이다.) 그런데 볼리비아로 이 중산모를 가져간 사람은 사냥터지기나 금융가 회사원이 아니라 철도 기술자였다. 어느 이야기에 따르면, 맨체스터의 진취적인 신사용품점 상인이 남아메리카에서 일하는 영국인 철도 기술자의 머리에는 너무 작은 볼러 재고가 지나치게 많이 쌓이자 볼리비아 고객을 유혹했다고 한다. 그는 볼러가 유럽의 사교계 여성 사이에서 크게 유행한다고 선전했다.

이 이야기가 사실이든 아니든, 아이마라족Aymara은 중산모를 받아들였고 오늘날에도 볼리비아 전역에서 자랑스럽게 쓰고 다닌다. 따라서 볼러는 19세기 말에 볼리비아를 탐욕스럽게 착취한 영국이 남긴 무해한 유산이다. 당대 영국은 런던 주식 시장에서 끌어모은 자금으

낡은 기관차가 우유니 외곽에서 녹슬어가고 있다.

로 칠레 북부 태평양 연안의 항구 도시 안토파가스타Antofagasta에서 볼
리비아의 수도 라파스까지 이어지는 철도를 건설하고 운영했다. 광대
한 소금 평원 살라르데우유니Salar de Uyuni의 가장자리에 새로 들어선 우
유니 마을의 역은 이 노선의 중간에서 주요 환승역이 되었다. 어느 역

현존하는 여객 철로
협궤 철로 또는 폐기된 철로

0   100킬로미터

홀리아카

푸노

티티카카호

페루

라파스
과키
비아차

볼리비아

코로코로

코차밤바
아라니

차라나

타크나

오루로

아이킬레

우니카

아리카

푸포호

수크레

안데스산맥

피사구아

코이파사
소금 사막

포토시

물라토스

이키케

우유니 소금 사막

우유니
기차 폐기장
우유니

대서양

아토차

오야구에
치구아나

투피사

토코피야

콘치 고가

비야손

칼라마

아르헨티나

안토파가스타

칠레

아타카마
소금 사막

N

사가는 이곳이 잉글랜드 철도 교통의 요충지인 크루와 비슷한 도시로 계획되었다고 평가했다.

이 주요 기반 시설을 건설하고 운영하는 사업의 핵심은 유황과 붕사, 은 같은 귀중한 자원을 운송하는 일이었다. 무엇보다도 중요한 자원은 당시 비료와 폭약을 제조하는 데 사용된 초석 또는 질산나트륨이었다. 생명을 주거나 빼앗는 이 물질이 지구상에서 가장 많이 매장된 지역은 페루 남부에서 칠레 북부까지 뻗어 있는 아타카마사막 Atacama Desert이었다. 이 일대에서 '하얀 금'이라고 불릴 만큼 귀한 초석을 확보하려는 경쟁은 전면전으로까지 번졌다. 볼리비아-페루 연합군과 칠레가 벌인 태평양전쟁(질산염 전쟁으로도 불린다)은 1879년부터 1883년까지 4년 동안 맹렬하게 이어졌다. 전쟁은 볼리비아의 굴욕적인 패배로 끝났다. 볼리비아는 1884년 휴전 협정에 따라서 핵심 광물이 풍부했던 지역을 칠레에 넘겨줘야 했을 뿐만 아니라, 해안 영토를 전부 잃고 내륙 국가가 되었다. 영해가 없는 볼리비아는 오늘날까지 고집스럽게 해군을 유지하고 있으며, 매년 3월 23일에 디아델마르 Dia del Mar(바다의 날)를 기념한다.

전쟁이 끝난 후, 볼리비아의 아니세토 아르세 대통령은 근대화 정책을 펼치며 칠레 정부와 협정을 맺었다. 그 덕분에 영국에서 후원받는 안토파가스타앤드볼리비아 철도회사 Antofagasta and Bolivia Railway Company 가 볼리비아를 횡단하는 새로운 철로를 부설했다. 해발고도가 최대 3962미터에 이르는 산악 지형에 철도를 놓는 작업은 만만찮은 일이었다. 콘치에서는 강철 트레슬로 떠받친 거대한 고가까지 세워야 했다. 철로 부설 전 과정을 지휘한 사람은 뉴질랜드 태생의 영국인 조사이어 하딩이다. 노련한 엔지니어이자 지도 제작자인 하딩은 아타카마사막을 측량하고 1877년《왕립지리학회 저널》에 측량 지도를 실은 적도 있었다. 1889년 10월 30일, 첫 기차가 우유니에 도착했다. 이후 우유니는 철도 신흥 도시로 발돋움했다.

오늘날 우유니에서 1.6킬로미터쯤 떨어진 외곽으로 가면 철도 전성기의 자취를 슬쩍 엿볼 수 있다. 어디로도 향하지 못하고 뒤틀려버린 막다른 철로 위, 녹슨 증기기관과 텅 빈 무개화차와 객차가 가만히 줄지어 앉아 있다. 대부분이 산업 황금기 영국의 주조 공장과 열차 제조 공장, 철도 차량 기지에서 건너온 흔적을 간직하고 있다. 제1차 세계대전 직전, 독일의 화학자 프리츠 하버와 카를 보슈가 최초로 질산염을 합성하는 데 성공한 덕분에 더 저렴하게 대량 생산할 수 있는 인공 질산염이 시장에 나왔다. 결국, 칠레와 볼리비아 초석에 대한 수요가 점점 줄었다. 초석 산업을 지탱하고자 만들어진 철도 사업도 광산이 문을 닫으면서 급격하게 쇠퇴했다. 역사는 조사이어 하딩이 볼러를 쓴 적이 있는지 알려주지 않는다. 하지만 우유니에서 영국인 철도 인부의 모자는 그들이 지구 반 바퀴를 여행해서 건설한 선로보다 더 끈질기게 살아남았다.

빅토리아 시대의
종언을 알리다

◉

크리스털팰리스 지하도
영국, 런던

지하도는 본질상 장소와 장소 사이의 공간이다. 보통 지하도는 그 자체로 목적지가 아니라 땅 아래로 A 지점에서 B 지점으로 이동하는 편리한 수단이다. 자기 자신을 감추는 기능이라는 면에서 지하도 형태의 절정은 개착식 공법으로 만든 콘크리트 지하 보행로일 것이다. 요즘은 완전히 텅 비어 있는 이런 공간은 거의 이국적으로 보일 정도다. 하지만 오늘날에도 여전히 서 있는 지하도는 전후 도시 계획 시대를 상기시킨다. 당시 지상에서 휘발유 차량이 더 빠르게 이동할 수 있도록 보행자는 하데스의 왕국으로 끌려가는 페르세포네처럼 지하로 사라지곤 했다. 크리스털팰리스 지하도 역시 어느 정도는 철도에서 도로로의 전환이 빚어낸 희생양이다. 1865년에 완공된 이 지하도는 하이레벨역과 연결된 덕분에 기차 일등석 승객이 역에서 크리스털팰리스까지 곧장 편안하게 이동할 수 있었다.

크리스털팰리스(유머 잡지 《펀치Punch》가 이름을 붙였다)는 1851년 런던 만국박람회를 위해 하이드파크 안에 세워졌다. 신데렐라의 유리 구두 같은 이 건물은 정원사이자 공학자, 건축가인 조지프 팩스턴의 설계에 따라 모듈 판유리와 주철 기둥, 연철 기둥을 조립해 건설했다. 국제 무역 및 산업 대잔치인 박람회는 빅토리아 여왕의 부군 앨버트 공이 특히나 관심을 기울인 사업이었다. 코이누르 다이아몬드와 최초의 가스레인지를 비롯해 40여 나라에서 출품한 1만 5000개 이상의 전시품이 팩스턴이 설계한 웅장한 홀의 유리 지붕 아래에 전시되었다. 건물은 박람회가 끝난 후 완전히 해체되어 남쪽으로 옮겨졌다. 이후 당시 대체로 전원지대였던 노우드에서 재조립되었을 뿐만 아니라 원래 규모의 절반만큼 더 확장되었다. 크리스털팰리스는 새로 생겨난 크리스털팰리스 공원의 중심지에서 빛을 반짝이는 코이누르 다이아몬드로 거듭났다. 1854년에 문을 열고 '모형으로 가득한 백과사전'이라고 홍보한 이곳은 가장 훌륭한 유원지가 되었다. 좌우 균형을 맞춰서 가꾸고 분수를 배치한 정원, 조경한 녹지 위를 어슬렁거리는 실물

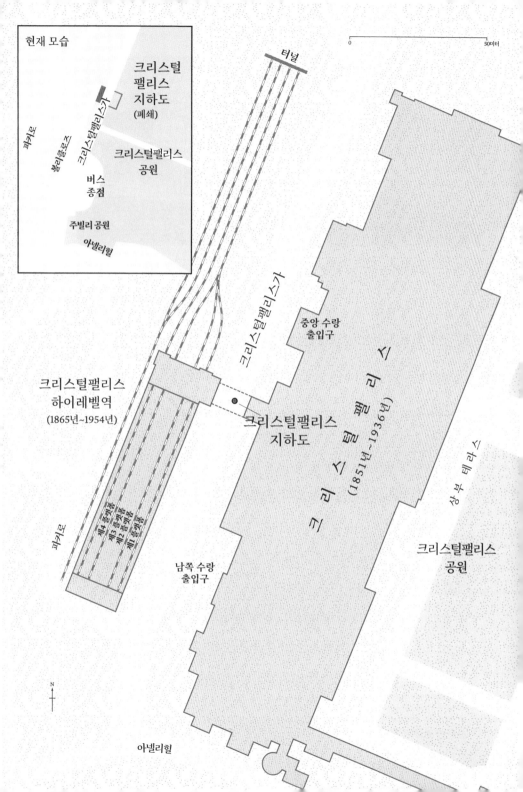

현재 모습

크리스털
팰리스
지하도
(폐쇄)

크리스털팰리스
공원

파커로

볼링론즈

크리스털팰리스가

버스
종점

주빌리 공원

아넬리힐

0   50미터

터널

크리스털팰리스가

중앙 수랑
출입구

크리스털팰리스
하이레벨역

(1865년~1954년)

크리스털팰리스
지하도

크 리 스 털 팰 리 스

(1851년~1936년)

상부 테라스

크리스털팰리스
공원

제4 플랫폼
제3 플랫폼
제2 플랫폼
제1 플랫폼

파커로

남쪽 수랑
출입구

N

아넬리힐

크리스털팰리스는 1851년 만국박람회를 위해 조지프 팩스턴이 설계한 건물이다.

크기 공룡 복제품, 역시 실물 크기로 모방해놓은 이집트 궁정, 영국박
물관이 소장한 진짜 유물을 본떠서 만든 고대 석관까지 있었다. 공원
의 세련된 명물 중 가장 중요한 것은 다양한 클래식 콘서트와 1920년
대까지 열린 헨델 음악제였다. 런던의 악기 제조사 그레이앤드데이비
슨Gray and Davison이 만들고 헨델의 이름을 딴 거대한 4단 건반 오르간이
대강당에서 가장 중요한 자리에 놓여 있었다.

　　조지프 팩스턴과 후원자들이 런던 남쪽 이곳을 크리스털팰리스
의 새로운 안식처로 선택한 데에는 런던·브라이턴앤드사우스코스트
철도The London, Brighton and South Coast Railway의 노선이 근처를 지난다는 사실도
한몫했다. 크리스털팰리스 공원 끝자락에도 역이 들어섰고, 펜지숲
을 통과해 시드넘역까지 연결되는 짧은 지선도 만들어졌다. 1860년
까지 크리스털팰리스역에는 빅토리아역과 웨스트엔드에서 출발한
직행열차가 정기적으로 도착했다. 하지만 기차가 승객을 내려놓는 곳

지하도 내부를 흘끗 들여다보면 복잡한 무늬의 아치형 천장이 모습을 드러낸다.

은 가파른 450미터짜리 언덕 발치였다. 승객은 언덕을 올라야만 크리스털팰리스에 갈 수 있었다. 그러자 사업 기회를 포착한 런던·채텀앤드도버철도The London, Chatham and Dover Railway company가 패컴라이에서 크리스털팰리스가 옆의 하이레벨역까지 지선을 연장했다. 공원의 서편 덜위치 쪽에 있는 이 역에서 내리면 힘들게 언덕을 오를 필요가 없었다. 선로 네 개를 갖춘 종착역은 호화롭고 광활했다. 이탈리아식 붉은 테라코타 벽돌로 지은 건물에는 꼭대기에 작은 탑을 얹은 탑도 네 개 있었다.

찰스 베리Charles Barry(어거스터스 퍼긴과 함께 웨스트민스터궁과 '빅벤' 시계탑을 만든 건축가)의 아들 에드워드 미들턴 베리Edward Middleton Barry가 설계에 따라 유리와 철재로 만든 지붕도 솟아 있었다. 크리스털팰리스 아래에는 지역 역사가 앨런 R. 워윅의 표현대로 "파라오의 무덤처럼" 지하도가 들어가 있었다. 비잔틴 건축 양식을 본떠서 크림색과 붉은색 벽돌을 쌓아 만든 아치형 지하도는 크리스털팰리스만큼이나 웅장했다. 공원 내 팩스턴의 유리 건물로 이어지는 이 보행로는 오직 기차 일등석 승객만이 이용할 수 있었다.

지하도 설계는 처음에 에드워드 베리가 맡았으나, 나중에 《일러스트레이티드런던뉴스》가 덜위치칼리지와 교정을 설계한 형 찰스 베리 주니어에게 작업을 넘겼다고 한다. 다만 이 주장을 놓고 아직도 논란이 분분하다. 무늬가 화려하게 들어간 지하도 벽돌 공예는 영국 벽돌공보다 기술이 훨씬 뛰어났던 '이탈리아의 대성당 벽돌공들'의 작품이라는 설도 있다. 이 이야기 역시 자주 되풀이되며 한껏 윤색된 터라 입증하기가 쉽지 않다. 누가 지하도를 구상하고 건설했든, 이 통로의 유용성은 1936년 11월 30일 이후로 크게 줄어들었다. 크리스털팰리스가 화재로 소실되었기 때문이다. 소방관 500명과 소방차 90대로도 진압할 수 없었던 이 비극적인 대화재를 두고 윈스턴 처칠은 "한 시대의 끝"이라고 단언했다. 제2차 세계대전 때는 공원 내 신고전주의 급수탑 두 군데(이점바드 킹덤 브루넬의 작품)가 적국 폭격기의 항로 표지로 쓰이지 못하도록 파괴되었다. 철도역도 폐쇄되었지만, 지하도는 살아남아서 공습 대피소로 사용되었다. 전쟁이 끝난 후, 역이 다시 문을 열었다. 그러나 기차를 타고 공원을 방문하는 사람은 거의 사라져버렸다. 지역 주민이 인근의 다른 기차역까지 외면하자, 사람들이 이제 도로로 통근하리라는 예상에 따라 하이레벨역은 1954년에 완전히 문을 닫았다.

기차역과 선로는 새로 건설되는 주택에 밀려 곧 사라졌지만, 지하도는 목숨을 부지했고 1972년부터 역사적 건물 2등급 목록에 올랐다. 그러나 맞닿아 있어야 할 철도역도, 크리스털팰리스도 모두 잃어버린 채 망각된 상태에 빠져 있다. 영화로웠던 빅토리아 시대의 이 유물은 기물파손을 방지하기 위해 벽돌로 막혔다. 여전히 튼튼한 구조를 유지하고 있는 지하도를 대중에게 공개하는 경우는 거의 없지만, 가수 케미컬브라더스가 1996년에 이곳에서 뮤직비디오를 촬영했다. 2010년에 지역 단체가 생겨나서 크리스털팰리스 지하도에 대한 접근성을 높일 방안을 모색하는 중이다.

성지 순례와 노예 매매가
교차했던 곳

◉

수아킨

수단

　수아킨은 아프리카에서 가장 오래된 항구 가운데 하나로 꼽힌다. 홍해에 면한 수아킨은 수 세기 동안 아프리카를 아라비아반도와 아시아, 지중해, 그 너머 유럽으로 이어주는 해상 교통로였다. 하지만 수아킨의 정확한 기원은 여전히 비밀에 싸여 있다. 이 지역의 지독한 더위가 아지랑이와 신기루를 자주 일으킨다는 사실을 생각해보면 당연한 일이다. 수단 북동부의 이 일대는 모래로 뒤덮인 사막 지형이고, 가장

수아킨

세관 구역

베이트엘무프티

하나피
모스크

샤파이
모스크

베이트코르시드
에펜디

베이트엘바샤

이집트
은행

법원

센나위
주택

수 아 킨 구 항 구

베이트오스만터그나

고든 대문

수아킨 항만

수아킨

홍해

수아킨
항만

수아킨
신항구

수아킨
구항구

N

0   100미터

끈질기게 거주한 주민은 유목민족인 베자족이다.

　수아킨의 기원은 적어도 기원전 10세기, 멀리 이집트 신왕국의 람세스 3세 시기로까지 거슬러 올라간다. 아마 이 항구는 항해 그 자체만큼이나 오래되었을 것이다. 수아킨은 길고 좁은 수로로 홍해와 연결된 얕은 석호 위의 섬이다. 주변 지형에 보호받는 자연 항구는 이집트와 에리트레아 사이 해안에서 최상의 정박지가 되었다. 게다가 나일강에서 시작해 서아프리카 깊숙한 곳까지 이어지는 육상 카라반의 이동 경로와 연결된다는 이점까지 있었다. 전설에 따르면 솔로몬왕이 장난꾸러기 요정을 수아킨에 가두었다고 한다. 그 탓에 이집트 처녀들을 가득 태우고 시바의 여왕에게 향하던 배에서 불가사의한 일이 벌어졌다. 배가 폭풍을 피해 수아킨으로 대피했을 때 처녀들이 마법처럼 임신한 것이다. 로마제국에서 수아킨은 프톨레마이오스가 희망의 항구로 묘사한 '리멘 에반젤리스Limen Evangelis'로 알려진 듯하다.

　하지만 수아킨은 이슬람교가 탄생하고 아랍인이 이집트와 시리아를 정복한 뒤인 서기 750년경에야 역사에 기록되었다. 중세에 수아킨은 이슬람 순례객이 메카를 향해 성지 순례를 떠나는 주요 출발지가 되었고, 오늘날에도 이 역할을 어느 정도 수행하고 있다. 16세기에는 성지 순례보다 덜 경건하지만 훨씬 더 수익이 높았던 사업, 동아프리카에서 붙잡아온 노예를 매매하는 일로 무시무시한 평판을 떨쳤다. 이 도시는 1513년에 포르투갈에 잠시 점령당했지만, 이후 약 300년 동안 오스만제국에 지배받았다. 메카의 외항 제다에서 파견된 에미르

Emir(이슬람 국가의 수장–옮긴이)가 영적인 문제를, 이스탄불에서 임명한 아가Aga(오스만제국의 고관이나 사령관–옮긴이)가 세금과 무역 문제를 처리했다.

오스만제국은 수아킨의 항구를 확장하고, 웅장한 모스크를 건설하고, 산호 암석으로 독특한 제다풍 3층짜리 연립주택을 지어서 좁다란 길거리에 배치했다. 이곳의 주택 건물은 수단의 다른 지역에서 찾아볼 수 있는 땅딸막한 어도비 벽돌집과 확연히 다르다. 아마 수아킨의 주택 건물에서 가장 색다른 특징은 로샨roshan일 것이다. 로샨은 섬세하게 조각한 나무 널로 덧문을 달아놓은 커다란 여닫이 퇴창이다. 복잡하고 기하학적 무늬를 이루도록 배치된 로샨은 아름다울 뿐만 아니라, 뜨거운 햇빛을 막고 시원한 바닷바람을 실내로 들이기 때문에 실용적이기까지 하다.

점점 쇠퇴하던 수아킨은 오스만제국의 알바니아계 부사령관으로 이집트의 파샤가 된 무하마드 알리에게 합병되었다. 결국 1865년에 수아킨 항구는 이집트에 양도되었다. 4년 후 수에즈운하가 개통되면서 수아킨의 전망도 한층 밝아졌다. 수아킨 항구는 상아와 고무, 커피, 참기름, 타조 깃털을 수출하고, 맨체스터에서 옷감과 비누, 양초를, 버밍엄에서 날붙이와 금속 제품을 수입했다. 영국은 이집트 문제에 갈수록 더 많이 개입하다가 찰스 조지 고든 장군을 수단 총독으로 임명했다. 1877년, 고든은 수아킨섬을 본토 정착지 엘게르프El Gerf와 연결하는 둑길을 지었다. 1888년에는 영국–이집트 군대의 사령관인

허버트 키치너 대령이 수아킨의 방비를 강화했다. 마흐디 봉기Mahdist
War(19세기 후반 서구 제국주의와 식민주의에 저항한 수단의 민족주의 운동 겸
이슬람 근본주의 운동–옮긴이)에 맞서 수아킨 항구를 지켜야 했던 그는
요새를 여섯 군데 추가로 세우고, 기존의 흙벽을 높이 3.7미터짜리 벽
돌 방어벽으로 바꾸었다.

수아킨섬의 샤피이 모스크 유적.

10여 년 후 마흐디 운동 세력이 끝내 패배하자 수단은 영국의 지배를 받는 이집트의 식민지가 되었다. 영국은 수아킨을 국제 해운업의 주요 항구로 재개발하고자 했다. 그러나 항구 입구는 너무 좁고 석호는 너무 얕아서 거대한 현대식 선박이 드나들 수 없었다. 더욱이 도시의 물 공급도 고르지 못했고, 건물 대다수도 관리 상태가 엉망이었다. 1904년에 공공사업부의 랠스턴 케네디 대령이 타당성 보고서를 제출해서 수아킨 항구는 실패할 것이 뻔하다고 주장했다. 그는 북쪽으로 60킬로미터 떨어진 메르사바르고우트에 새로운 항구를 짓는 편이 최선이라고 건의했다. 당국은 케네디 대령의 제안을 그대로 따랐다. 1911년, 이집트 총독은 수단 항구라고 이름 붙인 새 항구를 개통했다. 그런데 제1차 세계대전이 터지는 바람에 신항만 건설과 수많은 해운회사의 이전이 미뤄졌다. 마침내 1922년이 되어서야 수아킨이 수단의 해상 무역 중심지로 군림했던 시대가 완전히 막을 내렸다.

수아킨의 방파제와 부두는 허물어졌고, 항만 검역소 구역과 창고는 텅 비었으며, 한때 상인들이 살았던 으리으리한 주택은 무너졌다. 하지만 수아킨에서 삶은 언제나처럼 이어지고 있다. 물고기를 잡던 아랍식 돛단배는 황량한 항구에서 여전히 까닥거리고, 작은 배들은 홍해 건너편으로 순례객을 계속 실어나른다. 인근 엘게르프의 야외 시장은 한때 강성했던 이웃이 훤히 내다보이는 곳에서 기운차게 법석을 떤다. 시장의 찻집은 손님들의 수다로 활기차고, 염소들이 솔로몬 왕의 시대와 다름없이 돌아다닌다. 그런데 한 세기 동안 움츠러들어 있던 수아킨이 이제 몸을 일으킬지도 모른다. 2018년, 튀르키예는 수단과 합의해서 수아킨섬을 임대하기로 했다고 발표했다. 섬에서 오스만제국의 유산을 복원하고 이슬람 관광지를 개발할 계획이다. 이 계획은 모스크와 세관을 보수하는 것으로 첫 결실을 얻었다. 환하게 반짝이는 흰색으로 칠해진 모스크와 세관 건물은 주변의 썩어버린 갈색 건물들과 극명한 대조를 이룬다. 두 건물은 이 유서 깊은 해양 대도시가 지난날에 얼마나 눈부시게 아름다웠는지, 또 앞날에 얼마나 눈부시게 빛날지 실마리를 보여준다.

뉴욕 대표 지하철역이
폐쇄된 이유

◉

시청 지하철역
미국, 뉴욕

오늘날 뉴욕의 시청 지하철역은 지상에서 볼 것이 별로 없다. 사실, 지상에 남은 몇 안 되는 흔적은 찾아보기조차 쉽지 않다. 예전 출입구는 뉴욕시 행정부의 웅장한 거처인 시청 마당의 제한 구역에 아무런 특색도 없는 울타리로 가려져 있다. 오스만제국의 파빌리온 양식을 본떠서 지은 시청역 출입구는 한때 주철과 유리로 만든 키오스크와 돔 지붕을 자랑했다. 경사진 계단으로 곧장 이어지는 멋들어진

입구는 브로드웨이 뒷길이 아니라 보스포루스해협으로 이어질 것만 같았다. 그러나 요즘은 다르다. 근처 시청 공원을 살펴보면, 잔디와 층층나무, 포장재, 길로 이루어진 구획들 가운데 흠집이 난 콘크리트에 고정된 유리 천창 세 군데가 보인다. 그중 하나는 이끼와 잡초, 수풀에 제멋대로 뒤덮여 있다. 눈에 잘 띄지 않는 이 채광창들은 그 아래에 실제로 무엇이 있었는지 알려주는 거의 유일한 단서다. 센터가와 챔버스가가 교차하는 이곳, 시청 바로 아래는 원래 뉴욕 최초의 지하철망 '자치구 간 고속철도Interborough Rapid Transit(IRT)'의 남쪽 종점이자 대표적인 지하철역이었다.

1904년에 시청역이 생겨났을 때 뉴욕은 서로 맞닿은 자치구 다섯 곳—브루클린, 맨해튼, 브롱크스, 퀸스, 리치먼드(스태튼아일랜드)—이 갓 통합된 대도시였다. 이전 50년 동안 인구수가 다섯 배 증가하며 뉴욕 시민은 400만 명에 육박했고, 이 숫자는 이후 반세기 동안 다시 두 배로 늘어날 터였다. 도시 내 이동을 편리하게 돕고 맨해튼 거리의 부담을 덜어주는 지하철은 하늘이 보낸 선물 같았을 것이다. 당시 맨해튼 도로는 이미 보행자와 1인승 마차, 말수레로 미어터지는 데다 휘발유로 움직이는 자동차와 소형 화물차까지 점점 늘어나서 꽉 막히곤 했다. 1900년 3월 24일, 최초의 지하철 노선을 건설하는 거대한 토목공학 프로젝트가 시청 바깥 부지에서 첫 삽을 떴다. 대략 93.3킬로미터쯤 이어지는 지상 선로와 지하 선로, 고가 선로를 깔고 역 43개를 짓는 데 4년 반이 걸렸다. 이 노선은 1905년에 브롱크스, 1908년에 브루

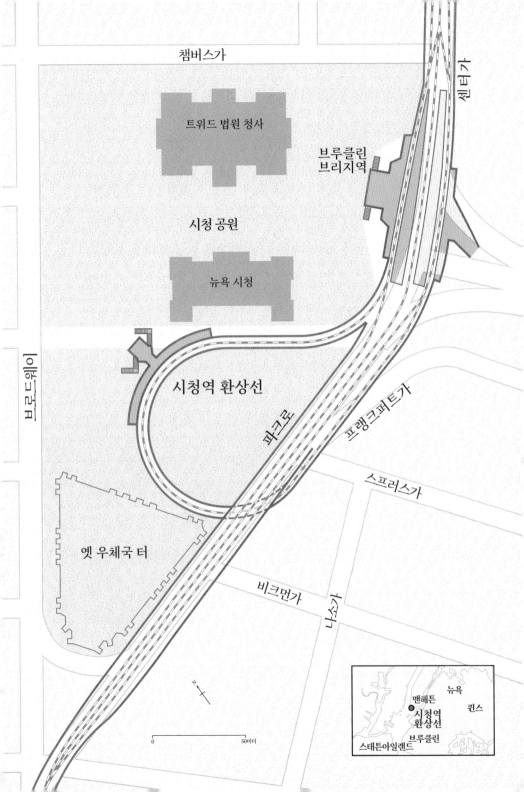

챔버스가

트위드 법원 청사

시청 공원

뉴욕 시청

브루클린
브리지역

센터가

시청역 환상선

브로드웨이

파크로

프랭크퍼트가

스프러스가

옛 우체국 터

비크먼가

나소가

0   50미터

뉴욕
맨해튼
시청역
환상선
퀸스
브루클린
스태튼아일랜드

클린, 1915년에 퀸스까지 연장되었다.

모든 역이 떡갈나무로 만든 세련된 부스와 우아한 장식 타일을 자랑했지만(예를 들어서 콜럼버스서클역에는 제노바 선원의 유명한 배 산타마리아호를 표현한 타일 작품이 있다), 시청역만큼 인상적인 곳은 없었다. 건축 회사 하인스앤드라파지Heins & LaFarge가 만든 시청역은 샹들리에와 스테인드글라스 천창, 색깔이 다채로운 타일 장식, 장엄한 궁륭 천장 아치 길을 갖춘 덕분에 '지하의 대성당'이라고 불리곤 했다. 특히 눈길을 끄는 내부의 아치 천장은 스페인의 걸출한 장인이자 건축가, 공학자인 라파엘 구아스타비노의 디자인이었다. 발렌시아에서 태어난 구아스타비노는 1881년에 바르셀로나에서 뉴욕으로 건너왔고, 4년 후 이베리아와 지중해 전통에 바탕을 둔 구아스타비노 타일 아치 시스템으로 특허를 받았다. 별도의 버팀대 없이 아치 통로를 만드는 이 우아한 현대적 건축 방식은 큰 성공을 거뒀다.

1904년 10월 27일 목요일, IRT가 개통했다. 귀빈 수백 명이 시청의 얼더매닉챔버Aldermanic Chamber에 모여서 연설과 축하 행사를 기념했다. 이윽고 오후 2시, 첫 열차가 시청역을 떠나 145번가와 브로드웨이로 달려갔다. 조지 B. 매클렐런 주니어 뉴욕 시장은 지하철 개통을 선언한 후 각종 고위 인사를 이끌고 역으로 내려갔다. 시장은 '지하철 운전사' 조지 모리슨이 주의 깊게 지켜보는 가운데 첫 다섯 칸 기차를 몰아서 역 밖으로 빠져나갔다. 그는 이 업무를 위해 보석상 티파니에서 특별히 조각을 새긴 순은 조종간을 선물받았다. 원래 열차가 운행을 시작하면 매클렐런은 모리슨에게 통제권을 넘겨줘야 했지만, 그는 할렘의 103번가까지 직접 지하철을 조종하겠다고 고집을 부렸다.

단돈 5센트면 탈 수 있는(요금은 1948년까지 오르지 않았다) 지하철은 곧바로 뉴욕을 떠들썩하게 뒤흔들었다. 뉴욕 노동자 대다수가 오직 일요일에만 쉴 수 있었던 시대라 IRT가 개통한 주 일요일이 되자 100만 명에 가까운 사람들이 지하철을 타보려고 몰려들었다. 지하철의 탄생을 기념하는 〈서브웨이 익스프레스 투스텝Subway Express Two-Step〉과 〈서브웨이 래그Subway Rag〉, 〈다운 인 더 서브웨이Down in the Subway〉 같은 노래와 춤도 생겨 생겨났다. 짤막한 노래 〈다운 인 더 서브웨이〉는 초창기 지하철에 일하느라 녹초가 된 통근자보다 껴안고 키스하는 연인들이 더 자주 나타나기로 유명했다는 사실을 암시한다.

지하철로 내려가

오, 대단한 곳이야!

맨해튼섬 아래, 허공을 뚫고 질주하지

서로 어루만지기 딱 좋은 곳이야,

사계절 내내

아래로, 아래로 지하철로

땅바닥 아래로

지하철의 성공과 철도망의 확장, 신규 노선 추가는 결국 가장 유

명한 시청역의 폐쇄로 이어졌다. 환상선이 설치된 시청역은 플랫폼이 짧고 크게 휘어서 승객 수용 능력을 늘리고자 도입한 더 긴 열차가 이용할 수 없었다. 어차피 주변에 IRT의 브루클린브리지역과 경쟁사인 브루클린-맨해튼 지하철Brooklyn-Manhattan Transit Corporation의 시청역까지 있었기 때문에 이 역은 1945년 12월 31일에 마지막 승객을 맞이한 뒤 문을 닫았다.

당대 지어진 보석 같은 건축물 대다수가 참혹하게 파괴된 것과 달리 시청역의 환상선은 여전히 살아남아서 6호선 열차의 방향을 바꾸는 데 이용된다. 가끔 역에서 투어가 진행되기도 하지만, 지하철역 접근은 제한되어 있다. 이 장엄한 공공건물을 대중에게 널리 개방하려던 시도도 있었지만, 역이 시청 바로 아래에 있는 탓에 보안상의 우려로 무산되었다.

시청역은 아치 천장과 정교한 천창 등 정교한 건축을 자랑한다.

혁명가, 테러리스트,
그리고 Objekt 825

발라클라바 잠수함 기지
크리미아반도

무척 흥미롭게도, 어느 모직 제품 두 가지는 영국군이 크리미아 전쟁에서 착용한 덕분에 크게 유명해지고 심지어 유행하기까지 했다. 크리미아 전쟁은 영국과 프랑스, 사르데냐, 오스만제국의 연합군과 러시아군이 1853년부터 1856년까지 흑해에 면한 크리미아반도에서 맞붙은 전쟁이다.

영국군이 유행시킨 첫 번째 모직 의류는 니트 조끼 '카디건'이다.

발라클라바의 비밀 잠수함 기지는 2003년에
박물관으로 바뀌어 대중에 공개되었다.

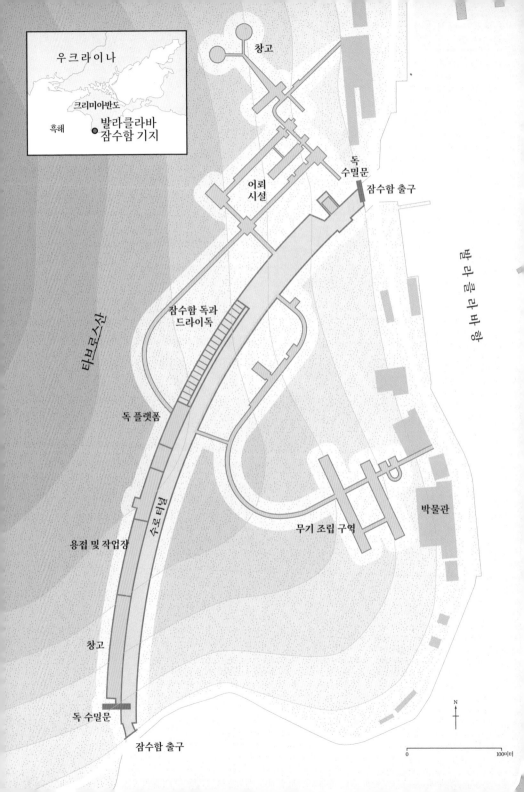

우크라이나

크리미아반도

흑해   발라클라바
        잠수함 기지

창고

어뢰
시설

독
수밀문

잠수함 출구

발라클라바 항

타브로스산

잠수함 독과
드라이독

독 플랫폼

수로 터널

용접 및 작업장

무기 조립 구역

박물관

창고

독 수밀문

잠수함 출구

N

0   100미터

병사들은 카디건 백작 7세의 이름을 딴 이 옷을 입고 크리미아반도의 혹독한 겨울 추위를 피했다. 1854년 10월 25일, 전략적 거점 세바스토폴 근처의 항구에서 발라클라바 전투가 벌어졌을 때 카디건 백작은 경기병대를 이끌고 러시아군을 향해 돌격했다. 처참하기로 악명 높지만 어쨌거나 몹시 용맹했던 이 돌격을 두고 시인 앨프리드 테니슨은 불멸의 시 〈경기병대의 돌격〉을 지었다. 그런데 오늘날 카디건을 보면 전쟁터에서 발휘하는 용기나 피로 물든 희생이 전혀 떠오르지 않는다. 오히려 카디건은 근사하고 아늑한 옷으로 여겨진다. 편하게 걸친 카디건은 푹신한 안락의자와 잘 어울리며, 그럴 때면 우유 한 잔이나 비스킷 한 접시도 손에 들려 있을 것이다. 눈을 반짝이며 잔잔한 노래를 들려준 아일랜드 가수 밸 두니컨과 언제나 온화한 모습으로 텔레비전 어린이 프로그램을 진행한 미스터 로저스의 가호를 받는 카디건은 가장 따스하고 포근한 옷이 되었다.

두 번째 모직 제품은 카디건과 선명한 대조를 이루는 '발라클라바'다. 눈과 입을 내놓는 구멍을 제외하고는 머리 전체를 꼭 감싸는 양모 모자 발라클라바는 빅토리아 시대 중기 군복의 일부였다. 런던 월워스의 의류 제조업자 제임스 마틴이 이런 형태의 모자를 영국군에 처음 공급했을 때는 '보호구The Protector'라고 불렸다. 하지만 크리미아 전쟁을 거친 후, 최악의 전투가 일어났던 발라클라바라는 이름이 이 모자에 새롭게 붙었다. 전쟁이 끝나고 150년이 넘게 흐른 지금, 잠복 요원과 혁명가, 테러리스트, 불법 무장 단체의 특공대원, 은행 강도가 즐겨 쓰는 발라클라바는 카디건과 달리 여전히 무시무시한 분위기를 띠고 있다. 발라클라바를 쓰면 얼굴을 거의 다 가리고 정체를 숨길 수 있기 때문에 불길한 기운이 더해진다. 바로 이 덕분에 고결하지만 체제 전복적인 일이나 명백히 비열하고 흉악한 일을 벌일 때 신분을 감추려는 이들 사이에서 발라클라바의 인기가 사그라지지 않았을 것이다.

이 모자의 이름을 따온 지역이 냉전 시기에 30년 넘게 소련의 극비 잠수함 기지로 쓰였다는 사실은 더없이 절묘해 보인다. 영국과 프랑스가 다시 힘을 합쳐 러시아와 맞섰던 이 전쟁에서는 기병대보다 기밀과 정보가 더 중요했다. 제2차 세계대전 이후 핵무기를 보유한 초강대국 소비에트연방과 미국의 관계는 갈수록 까다로워졌다. 그러자 소련은 1957년에 크리미아반도에 잠수함 기지를 지었다. 기지 건설은 비밀리에 진행되었다. 'Objekt 825'로만 알려진 이 기지는 공식 지도에서 지워졌다. 기지가 완성되면 군사 지역이 될 발라클라바 마을에 대한 접근 역시 엄격하게 제한되었다.

타브로스산 아래로 120미터를 파낸 자리에 생겨난 광대한 동굴과 수 제곱킬로미터나 되는 터널들에는 소비에트 흑해 함대의 핵 추진 잠수함이 최대 아홉 기까지 도킹해서 정비받을 수 있었다. 미사일 탄두와 어뢰도 이곳에 저장했다. 대기실과 사무실, 직원 숙소까지 갖춘 기지는 사실상 파괴할 수 없는 곳으로 여겨졌다. 기지 입구를 지키는 거대한 금속 문은 무게가 165톤이나 나갔고, 미국이 1945년에 나가사키에 떨어뜨린 원자폭탄보다 다섯 배나 더 강한 폭탄에도 견딜

수 있게 설계되었다. 최악의 상황이 벌어졌을 때를 대비해서 최대 30일까지 버틸 수 있는 물자도 늘 비축해두었다.

쿠바 미사일 위기가 터졌을 무렵 발라클라바 기지에도 일촉즉발의 위기가 다가왔지만, 다행히도 험악했던 상황은 흐지부지 끝났다. 소련이 해체되자 크리미아반도는 새로 독립한 우크라이나의 영토로 넘어갔다. 이후에도 러시아군은 한동안 발라클라바 기지에 계속 잠수함 함대를 주둔시켰다. 그러나 1993년에 기지가 퇴역했고, 새천년이 밝아올 무렵 우크라이나 해군이 기지를 기증받았다. 이즈음, 러시아가 남기고 떠난 것들은 기회를 포착한 이들이 전부 뜯어내고 없었다. 우크라이나 당국은 철저하게 감춰져 있던 잠수함 기지가 완전히 황폐해지도록 방치하는 대신, 깨끗하게 정리한 후 2003년에 박물관을 열어서 대중에게 공개했다.

조지 오웰은 《1984》에서 "현재를 지배하는 자가 과거를 지배한다"라고 말했다. 러시아는 크리미아반도에 아직 남아 있는 해군 기지가 NATO의 손에 넘어가는 것을 막는다는 구실로 2014년에 반도를 합병했다. 이제는 발라클라바 기지의 박물관도 러시아 국방부가 통제한다. 박물관 입구에서는 블라디미르 푸틴 대통령의 초상화가 방문객을 맞아준다. 발라클라바 잠수함 기지는 역사가 영원히 진행 중이라는 사실을 상기시킨다.

오래된 이야기의 마침표

가톨릭 현대화를 이끈
'우주선'의 최후

세인트피터스 신학대학
영국, 스코틀랜드

로버트 더 브루스(14세기 스코틀랜드의 왕이자 전사 로버트 1세의 별명－옮긴이)는 카드로스Cardross에서 한센병으로 세상을 떴다. 놀랍게도 이 지역 주민들은 이 사실을 자랑스럽게 이야기하곤 한다. 주민들은 카드로스성 유적을 호들갑스럽게 가리키며 맹세코 바로 이곳에서 왕이 죽었다고 말했다. 하지만 2009년에 이 중세 성에서 동쪽으로 조금 더 떨어진 곳에서 마침내 왕궁의 기초가 발굴되었다. 레븐강과 접한

렌턴의 필란플랫 평원 아래쪽이다. 역사학계는 이 스코틀랜드 왕의 뿌리보다는 마지막을 더 잘 안다. 1314년 배넉번Bannockburn 전투에서 잉글랜드를 격파한 주인공이 태어난 정확한 날짜와 장소는 여전히 커다란 논란거리다. 심지어 잉글랜드 남동부 에식스의 리틀이 스코틀랜드 남서부 에어셔의 턴베리보다 더 가능성이 큰 장소라는 주장도 있다. 그러나 로버트 더 브루스가 인생의 마지막 3년을 보낸 곳은 확실히 알려져 있다. 스코틀랜드 게일어로 '구부러진 곳'을 의미하는 카드로스 저택이다. 이 대저택은 프랑스와 잉글랜드가 스코틀랜드의 독립을 뒷받침하는 조약을 매듭짓던 시기에 갈수록 병약해지던 왕이 정사에서 물러나 은거한 곳이기도 했다. 왕은 클라이드만에서 배를 타고 매사냥을 즐기거나 레벤강에서 낚시를 했다. 브루스는 이 쾌적한 환경에서 눈을 감기 전 "1329년 6월 셋째 주나 그즈음에" 성지로 십자군 원정을 떠나겠다는 재위 초기의 서약을 지키기 위해 자신의 심장을 예루살렘에 가져가 달라고 요구했다. 전설에 따르면 이 성스러운 임무는 왕이 가장 신뢰하던 부관 제임스 더글러스 경이 맡았다. 그런데 더글러스가 무어인과 전투를 벌이다가 전사하고 말았다. 브루스의 심장(더글러스가 은 단지에 담아서 목에 걸고 다녔다)과 더글러스의 유골은 스코틀랜드로 다시 돌아왔다. 독실한 신앙심 탓에 왕의 유해는 결국 둘로 나뉘어서 묻혔다. 심장을 제외한 시신은 던펌린 수도원Dunfermline Abbey에, 심장은 록스버러의 멜로즈 수도원Melrose Abbey에 안치되었다. 크게 존경받는 시토회 수도원인 멜로즈 수도원은 1322년에 잉글랜드 에드

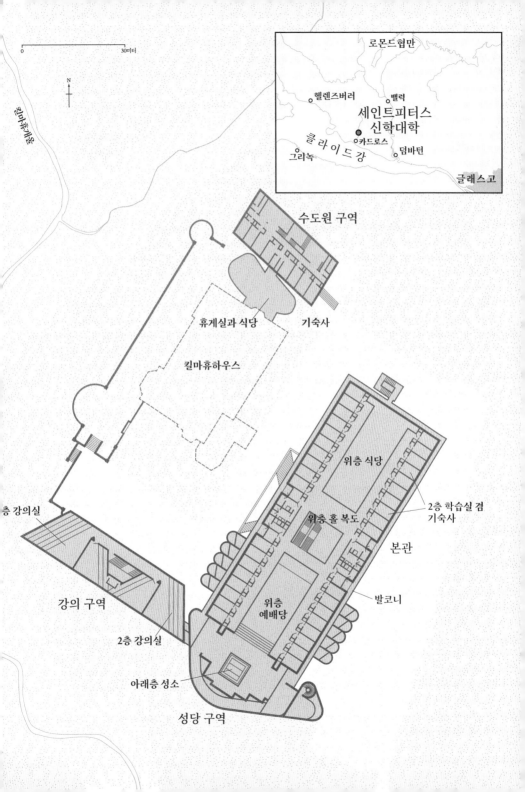

로몬드협만

헬렌즈버러   밸럭

**세인트피터스
신학대학**

그리녹

클 라 이 드 강   카드로스

덤바턴

글래스고

0   30미터

N

수도원 구역

휴게실과 식당

킬마휴하우스

기숙사

위층 식당

2층 학습실 겸
기숙사

위층 홀 복도

층 강의실

본관

강의 구역

발코니

2층 강의실

위층
예배당

아래층 성소

성당 구역

세인트피터스 신학대학교의 조감도는 건물이 얼마나 퇴락했는지 잘 보여준다.

워드 2세의 공격으로 크게 파괴되었다가 브루스가 재건한 곳이기도 하다.

600년이 넘게 흐른 후, 브루스의 옛 영지 카드로스 내에 가톨릭 종교 교육 시설이 설립되었다. 교황에게 잠시 파문당한 적도 있지만 신을 두려워하며 경건하게 살았던 왕이 이 사실을 알았다면 기뻐했을 것이다. 그러나 카드로스의 가톨릭 시설은 건설된 지 겨우 몇십 년 만에 황폐하게 퇴락했다. 세인트피터스 신학대학이 1966년에 처음 문을 열었을 때 이곳을 폐허로 묘사한 사람은 거의 없었다. 오히려 대학

건물은 미래처럼 보였다. 신학생들이 농담 삼아 '우주선'이라고 부를 정도였다. 소름 끼치도록 헐고 낡은 건물은 전망이 더욱더 확실하고 대담했으며 미래 지향적이었던 과거를 여전히 노래한다. 당대 가톨릭교회는 과학과 의학, 기술의 발전에 따른 전후 사회의 변화에 부응해서 현대화에 나섰다. 1959년에 공고되고 1962년에 처음 소집된 제2차 바티칸 공의회는 예배 전례를 바꾸어서 평신도의 참여를 독려했고, 라틴어가 아닌 각 나라의 언어로 미사를 치르도록 허락했다. 세인트피터스도 이 시대의 산물이었다. 신학대학은 글렌로시스와 데니스툰, 드럼채플, 킬시스, 던토처, 이스터하우스, 컴버놀드, 이스트킬브라이드의 교회들과 함께 놀랄 만큼 현대적인 기독교 건물로 태어났다. 이 건축물들은 글래스고를 기반으로 활동하는 건축 회사 길레스피·키드앤드코이아의 건축가 앤드루 맥밀런과 이시 메츠슈타인이 스코틀랜드 로마가톨릭교회에 의뢰받아 만든 작품이다.

맥밀런도, 메츠슈타인도 가톨릭 신자가 아니었다. 맥밀런은 장로교였으나 신앙을 저버렸고, 메츠슈타인은 베를린 태생의 유대인 망명자였다. 두 사람은 세인트피터스 신학대학을 설계할 때 금욕적인 아름다움을 자랑하는 브루탈리즘Brutalism 양식의 생마리드라투레트Sainte-Marie-de-La-Tourette 수도원에서 어느 정도 영감을 얻었다. 프랑스 리옹 외곽의 에브쉬르라브레슬Eveux-sur-L'abresle에 있는 이 도미니크회 수도원은 모더니즘 건축의 대제사장인 르코르뷔지에의 작품이다. 새내기 가톨릭 사제를 길러낼 세인트피터스 신학대학은 100명이 넘는 신학생을 수용할 수 있도록 숙소와 식당, 도서관, 계단식 강의실, 예배당을 갖추었다. '대학의 핵심'으로 여겨진 예배당은 건물 중심에 자리 잡고 대학에 신성함을 부여했다. 건축사가 패트릭 너트건스는 이 예배당을 두고 "생활과 묵상과 공부가 단 하나의 예배 행위로 묶이는 신의 집"이라고 일컬었다. 신학생들도 교내 잡지에서 예배당을 칭찬하곤 했다. 어느 학생은 이렇게 썼다. "예배당과 식당처럼 드넓은 공간에는 품위와 광활함이 깃들어 있어서 마음에 크나큰 만족감을 준다."

물론, 대학 건물에 결함이 없지는 않았다. 설계 자체가 잘못되었다기보다는 주로 날림 공사 탓이었다. 틀에 딱 들어맞지 않아서 비가 올 때마다 물이 잘 새는 문과 창문이 특히 문제였다. 그러나 건물에 더 치명적이었던 존재는 따로 있었다. 스코틀랜드 내 가톨릭교회의 재정적·문화적 운이 장기적으로 쇠퇴하고, 사제를 양성하는 방법에 대해 새로운 견해가 제기되면서 대학은 몰락의 길을 걸었다. 세인트피터스는 전성기에도 재학생이 56명뿐이었다. 이는 사실상 대학 시설이 언제나 절반 혹은 그 이상 비어 있었다는 뜻이다. 특히 널찍한 강의실은 아늑하기보다는 휑뎅그렁하게 느껴졌다. 시설 전체를 가동하고 유지하고 난방하는 데는 비용이 많이 들었다. 대학 측은 손실을 줄이고자 학교 운영을 접기로 결정했고, 건물이 지어진 지 겨우 14년 만인 1980년에 떠났다. 예배당은 세속적인 건물로 바뀌었다. 대학 건물은 한동안 마약 중독자를 치료하는 재활센터로 이용되었지만, 1980년대 말에 다시 버려졌다. 공공 기물이 파손되기 시작했고, 세인트피터스는 무너져갔다. 이후 세인트피터스 건물은 스코틀랜드에서 가장 훌륭한 모더니즘 건물로 일컬어지며 역사적·건축적 가치를 인정받았다. 1992년에는 스코틀랜드에서 가장 높은 보호 등급인 A급 역사적 건물 목록에 올랐다. 세인트피터스 건물을 복원해서 예술 관련 시설로 사용하려는 계획도 있었지만 2018년에 좌절되었다. 스코틀랜드 당국은 정부 차원에서 세인트피터스 건물을 관리하기를 거부했다. 정부는 건물을 '관리된 부패' 상태로 유지하는 데만도 600만 파운드가 들 것으로 추정했고, 국고를 이렇게 낭비할 수 없다고 주장했다.

2020년 7월, 세인트피터스 건물의 법적 소유권이 교구에서 자선 재단 킬마휴교육신탁Kilmahew Education Trust으로 넘어갔다. 킬마휴교육신탁은 건물을 지역 사회의 자산으로 안전하게 지킬 참신한 방법을 모색하는 중이라고 한다. 필자가 이 글을 쓰는 지금, 죽어가는 세인트피터스 건물은 계속해서 전 세계의 순례자를 끌어들이고 있다. 대체로 가톨릭을 믿지 않는 이 모험가들은 표면이 거칠거칠한 콘크리트로 만든 종교 교육의 옛 성채에서 영광과 장엄함을 느낀다. 아마 로버트 더 브루스도 팔레스타인 땅에서 이런 영광을 찾고 싶어 했을 것이다.

'복지의 섬'에 세워진
음산한 건물

◎

루스벨트섬 천연두 병원

미국

루스벨트섬은 훗날 롱아일랜드의 퀸스로 불릴 지역과 맨해튼 사이를 흐르는 이스트강에 떠 있다. 뉴욕과 필라델피아 사이, 뉴저지 전역과 펜실베이니아 동부, 델라웨어 일부에 걸쳐 살았던 아메리카 원주민 델라웨어족(레나페족)은 이곳을 '미나하농크Minnahanonck' 또는 '좋은 섬'으로 불렀다. 델라웨어족은 나무가 우거진 이 목가적 휴식처에서 동물을 사냥하고, 물고기를 잡고, 산딸기 열매를 모았다. 이름과 용도

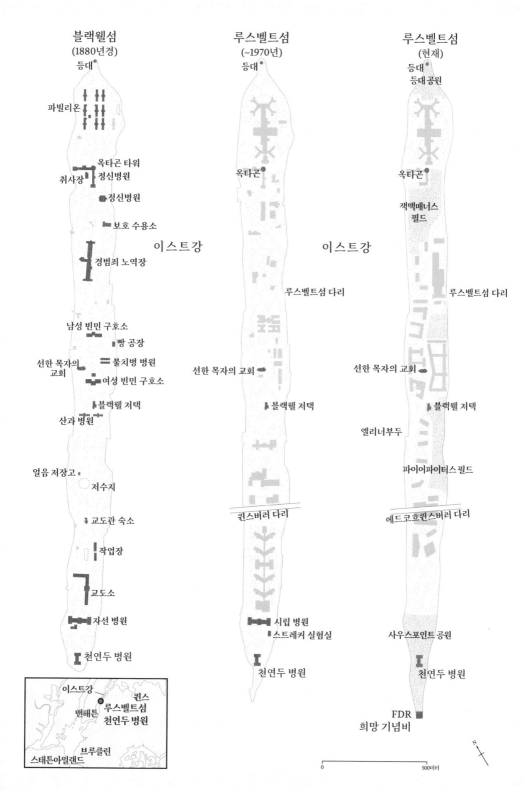

블랙웰섬
(1880년경)

등대

파빌리온

옥타곤 타워
취사장   정신병원

정신병원

보호 수용소

이스트강

경범죄 노역장

남성 빈민 구호소
빵 공장
선한 목자의   불치병 병원
교회
여성 빈민 구호소
블랙웰 저택
산과 병원

얼음 저장고
저수지

교도관 숙소

작업장

교도소

자선 병원

천연두 병원

이스트강
맨해튼   퀸스
루스벨트섬
천연두 병원
브루클린
스태튼아일랜드

루스벨트섬
(~1970년)

등대

옥타곤

이스트강

루스벨트섬 다리

선한 목자의 교회

블랙웰 저택

퀸스버러 다리

시립 병원
스트레커 실험실

천연두 병원

루스벨트섬
(현재)

등대
등대 공원

옥타곤

잭맥매너스
필드

루스벨트섬 다리

선한 목자의 교회

블랙웰 저택

엘리너부두

파이어파이터스 필드

에드코흐퀸스버러 다리

사우스포인트 공원

천연두 병원

FDR
희망 기념비

N

0   500미터

가 알려주듯이, 루스벨트는 정말로 좋은 섬이었을 것이다. 네덜란드인은 1633년에 길이 3.2킬로미터에 넓이 11만 제곱미터인 이 섬을 사들이자마자 바닷가 돼지 농장으로 바꾸고, 바컨스에일란트Varckens Eylandt (돼지 섬)라고 이름 붙였다. 이후 영국의 제임스 2세가 뉴욕 식민지의 주 장관을 지낸 존 매닝 대위에게 섬을 하사했다. 그러나 매닝은 비겁한 반역죄를 지어서 신임을 잃었고, 섬은 그의 수치스러운 유배지가 되었다. 매닝은 여생을 섬에 갇혀 살아야 했다. 물론 이 섬을 감옥이라고 할 수는 없었다. 하지만 당국은 맨해튼에서 안전한 거리에 있는 이곳이 범죄자와 병자, 정신이상자를 가둬두기에 안성맞춤이라는 사실을 깨달았다. 1820년이 되자 뉴욕은 미국에서 인구가 가장 많은 도시로 성장해 있었고, 급격한 성장에는 범죄와 시민의 소요, 인구 과잉, 질병, 열악한 위생 등 갖가지 사회 문제가 뒤따랐다. 1823년, 뉴욕 주지사 필립 혼은 퀸스의 블랙웰 가문에게서 이 섬을 매입하는 안을 승인했다. 당시 섬은 1685년에 매닝이 사망한 이후 블랙웰 집안의 후손들이 물려받았고, 1790년대에 물막이 판자로 단순한 집과 농장을 지어 유지하던 중이었다. 시 당국은 한때 돼지를 치고 밭을 갈던 섬에 거대한 새 감옥을 짓겠다고 계획했다.

1832년, 블랙웰섬 교도소가 문을 열었다. 100년 조금 넘게 존속한 이 기관은 광인이나 악인, 자기 자신이나 사회에 위험하다고 여겨졌던 사람들을 수용하기 위해 이 섬에 세워진 최소 11개 시설 가운데 첫 번째였다. 이런 시설의 목록에는 성병 환자를 위한 교도소 겸 병원,

블랙웰 노역장, 주취나 매춘 같은 경범죄로 체포된 이가 거쳐 가는 단기 감옥, 빈민 구호소, 무일푼 병자를 위한 자선 병원, 악명 높은 뉴욕시 정신병원 등이 올랐다. 1887년, 넬리 블라이라는 기자가 정신병자인 척하고 이 정신병원에 입원해서 위장 수사를 벌인 후 충격적인 폭로 기사를 발표했다. 블라이의 기사는 입원 환자들이 받았던 처참한 처우를 밝혀냈고, 정신병원이 결핵 전문 병원으로 바뀌는 데 이바지했다. 뉴욕시 정신병원이 영업을 개시한 첫해에는 다름 아닌 소설가 찰스 디킨스가 이곳을 방문했다. 1842년에 미국을 순방한 디킨스는 정신병원을 둘러보고 지나치게 많은 환자와 치료 방법에 우려를 표했다. 디킨스는 병원 중앙의 팔각 탑에 감탄했지만 "전부 무기력하고, 나른하고, 아수라장 같은 분위기를 풍긴다"라고 통렬하게 비판했다. 팔각 탑은 알렉산더 잭슨 데이비스가 설계한 원래 병원 건물 가운데 현재 유일하게 남아 있는 건물이다.

1856년, 블랙웰섬에는 악명 높은 시설이 하나 더 생겼다. 바로 천연두 병원이다. 섬의 첫 번째 교도소나 등대처럼 건물이 인상적인 이 병원은 당대 미국에서 가장 왕성하게 활동했던 건축가 제임스 렌윅 주니어의 작품이다. 렌윅은 뉴욕의 부유한 지주 가문에서 태어났다. 신동이었던 그는 열두 살에 컬럼비아칼리지(지금은 컬럼비아대학교로 바뀌었다)에 입학했고, 학교의 자연철학 학장이었던 아버지 덕분에 수월하게 공학을 공부했다.

렌윅은 학교를 졸업한 후 크로턴 송수로 건설을 감독했다. 크로턴 송수로는 날로 증가하는 뉴욕 인구에게 깨끗한 물을 안정적으로 공급하려는 웅장한 토목공학 프로젝트였다. 1842년에 송수로가 완공되었을 때 겨우 24세에 공식적인 건축학 교육을 받은 적도 없었던 그는 곧바로 맨해튼의 그레이스교회 설계를 의뢰받았다. 교회는 토머스 하우스 테일러 목사의 고집스러운 요구에 따라 막대한 비용을 들여 유럽 고딕 양식으로 지어졌다. 공사에 필요한 대리석은 감시가 가장 삼엄한 싱싱 교도소의 재소자들이 채석했다. 렌윅은 다른 건축물을 설계할 때도 고딕 양식을 성공적으로 활용했다. 가장 유명한 사례는 뉴욕의 또 다른 기독교 랜드마크인 5번가의 세인트패트릭대성당이다. 렌윅은 융통성이 뛰어난 건축가였고, 변덕스러운 유행에도 능숙하게 대처하며 로마네스크 양식을 비롯해 다양한 건축 양식으로 설계했다. 그가 블렉웰섬에 지은 교도소와 천연두 병원은 로마네스크 양식을 잘 보여주는 예다. 성처럼 생긴 석조 탑과 뾰족한 아치 모양의 노르만 양식 창문은 중세 봉건시대 같은 분위기를 자아냈다. 다만 건물의 용도를 생각해볼 때 이런 디자인은 음산하고 불길한 기운만 더했다.

천연두 병원은 섬의 기반암인 편암으로 지어졌는데, 바로 옆의 교도소 죄수들이 땅을 파 뒤집어서 돌을 캐고 다듬었다. 이 병원은 오로지 천연두 환자만 격리해서 치료하는 미국 최초의 주요 병원이었다. 천연두는 1980년 근절될 때까지 전 세계에서 수백만 명의 목숨을 앗아갔다. 그런데 1796년에 영국이 효과적인 백신을 개발한 덕분에

천연두 병원의 유적은 루스벨트섬 끝자락에 있다. 뒤로 공원이 보인다.

렌윅이 지은 병원의 수명은 비교적 짧게 끝나고 말았다. 병원은 1856
년부터 1870년대 초까지 환자 13만 3000여 명을 치료했다. 1879년
에 뉴욕시 간호학교가 병원 구내를 사용하기 시작했고, 1903년에 렌
윅의 설계를 본떠서 새로운 부속 건물을 두 군데 더 지었다. 하지만
1956년에 간호학교와 교내 산과 병동이 문을 닫으면서 건물은 그대
로 버려졌다. 1921년부터 공식적으로 '복지의 섬Welfare Island'라고 불린

이곳의 수많은 시설도 마찬가지였다. 1973년, 섬은 새로운 이름을 맞았다. 이제 섬은 소아마비로 신체 일부가 마비된 32대 대통령 프랭클린 D. 루스벨트의 이름을 따서 루스벨트섬이 되었다.

　오늘날, 루스벨트섬에는 루스벨트 대통령을 기리는 루이스 칸의 장엄한 석조 기념비가 우뚝 서 있다. 기념비가 세워진 조경 공원 바로 맞은편에 옛 천연두 병원의 텅 빈 창문과 움푹 꺼진 벽이 보인다. 렌윅이 남긴 이 괴기스러운 괴물은 뉴욕에서 최초의 폐허 명소가 되었고, 심지어 1976년에 미국 국립사적지 목록에 오르면서 상당한 명성을 얻었다. 현재 루스벨트섬에는 호사스러운 강변 아파트 단지와 코넬대학교 캠퍼스가 들어섰다. 등대와 블랙웰 가족의 농가는 복원되었고, 옛 정신병원의 탑은 최고급 임대 건물로 변신했다. 천연두 병원 건물은 2007년에 북쪽 벽 일부가 무너져서 지주를 세워 보강했고, 필자가 이 글을 쓰고 있는 현재 고난도 보존 작업도 진행 중이다. 밤에는 핼러윈 호박등 같은 투광 조명도 밝힌다. 하지만 병원은 여전히 폐허로 남아 있다. 담쟁이덩굴에 뒤덮인 건물은 으스스한 기운을 내뿜는다. 퀸스버러 다리 아래 악귀 같은 이 건물의 존재는 과거에 전염병의 확산을 막는 데 쓰였던 방법을 선명하게 상기시킨다.

결코 전달되지 않는
편지들의 보관소

◉

볼테라 정신병원
이탈리아, 토스카나

인류가 세운 고대 도시는 거의 전부 성벽으로 둘러싸여 있다. 성벽은 무엇보다도 침입자를 막기 위한 방어 수단이다. 토스카나의 피사 지방에 있는 볼테라를 둘러싼 요새 구역들은 역사가 기원전 5세기와 4세기로 거슬러 올라간다. 이 경치 좋은 언덕 위 마을은 에트루리아인의 주요 정착지였고, 잘 가꾼 경작지와 설화 석고 채석장, 장식용 분수, 목욕장까지 갖추고 있었다. 그런데 벽은 내부 사람들이 떠나지 못하게 막기도 한다. 1880년대 말, 볼테라의 고대 성벽 안에 정신이상자를 감금하는 시설이 설립되었다. 과거 정신 질환 치료법에 관한 지침은 비인간적이었고, 이 정신병원은 환자를 비인간적으로 대우하기로 악명높았다.

1888년에 설립된 정신병원은 원래 빈민을 위한 자선 병원이었다. 병원은 역시 벽으로 둘러싸인 건물, 옛 산지롤라모San Girolamo 수녀원에 환자를 수용했다. 1900년, 진보적인 정신과 의사 루이지 스카비아가 병원장으로 임명되었다. 스카비아는 자선 병원을 정신과 전용 시설로 바꾸기 시작했고, 여러 지방에서 환자를 받아서 관리하는 데 적극적으로 나섰다. 그가 병원장으로 있는 동안 볼테라 정신병원에 입원한 환자는 280명에서 1900명으로 늘어났다. 1939년에는 환자 수가 거의 5000명에 달했다. 병원 측은 밀려드는 환자를 받기 위해 새로운 수용 시설 단지 '파빌리온'을 지었다. 각 건물에는 리하르트 폰 크라프트에빙Richard von Krafft-Ebing, 장 마르탱 샤르코Jean Martin Charcot, 에밀 크레펠린Emile Kraepelin, 엔리코 페리Enrico Ferri 등 당대 정신의학계 거성들의 이름을 붙였고, 내부 통로로 건물들을 연결했다.

스카비아는 입원 환자들이 가능한 한 자율적으로 생활해야 한다고 주장했다. 병원은 자급자족하는 마을처럼 보일 뿐만 아니라 실제로 그렇게 기능해야 했다. 그리고 환자들이 이 마을의 유지와 운영에 참여해야 했다. 이 목표를 위해 병원은 자체 수로와 발전기는 물론, 목공소와 대장간, 유리 공장, 벽돌 가마, 빵집, 상점, 채소밭, 거위와 토끼

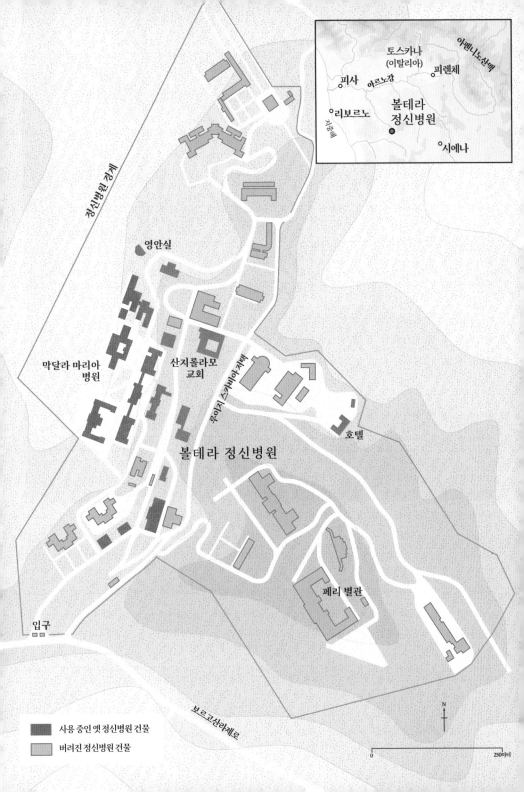

토스카나
(이탈리아)

아펜니노산맥

피사   아르노강   피렌체

리보르노   볼테라
정신병원

시에나

정신병원 경계

영안실

막달라 마리아
병원

산지롤라모
교회

루지 스카비아저택

볼테라 정신병원

호텔

페리 별관

입구

보르고산라체로

N

사용 중인 옛 정신병원 건물

버려진 정신병원 건물

0   250미터

정신병원은 1978년에 문을 닫았고, 건물은 그대로 남겨져서 썩어가고 있다.

사육장까지 만들었다. 환자들은 세탁실과 주방, 텃밭에서 일하고, 건설 작업을 돕고, 심지어 지역의 고대 유적 발굴도 거들었다. 직원과 환자가 공연을 선보이는 콘서트 파티도 해마다 열렸다. 1933년에는 입원 환자가 임금을 받을 수 있도록 내부 화폐가 도입되었다. 그런데 이

벽에 새겨진 시는 1950년대와 1960년대에 입원한 환자
오레스테 페르난도 난네티의 작품이다.

듬해에 스카비아가 은퇴했고, 얼마 후 세상을 떴다. 그의 요청에 따라
유해는 정신병원 공동묘지에, 그가 생전에 힘써 돌보았던 사람들 곁
에 묻혔다.

　물론 스카비아의 재임 시절이라고 해서 병원이 늘 평화롭고 유
쾌했던 것은 아니다. 그러나 스카비아의 후계자들이 병원을 맡으면
서 상황이 크게 달라졌다. 병원이 이탈리아에서 가장 큰 정신병원 중
하나로 성장하고 입원 환자의 숫자가 두 배로 늘어나면서 과밀 문제
가 심각해졌다. 이 탓에 병원 당국은 훨씬 더 엄격한, 혹은 잔인한 치
료 및 관리법을 채택한 것 같다. 환자의 증상을 다룰 때 물리적으로 구
속하는 일이 늘어나면서 간호사들은 마치 간수처럼 병동을 순찰했다.
1950년대와 1960년대에 볼테라 정신병원의 분위기는 병원보다 감옥

에 더 가까웠다. 제2차 세계대전의 트라우마도 영향을 미쳤다. 요즘이라면 가벼운 우울증으로 진단받을 사람들, 혹은 그저 성적·도덕적·정치적 규범을 따르지 않는 사람들이 범죄자나 변태적 성도착자로 규정되었다. 이들은 잘못된 진단에 이의를 제기할 기회도 얻지 못한 채 정신병원에 갇혔다.

게다가 정신 질환을 해결할 약리학은 아직 초보 단계에 머물러 있었다. 당시 의료계가 선호한 약물은 강력한 진정제였다. 증상을 장기적으로 개선하기 위해서라기보다는 의료진의 편의를 위해서 처방된 듯하다. 볼테라에서는 인슐린으로 유도한 코마 상태와 전기 충격 요법, 다른 끔찍한 치료법이 흔했다. 공정하게 말하자면, 당시 유럽과 미국 전역의 무수한 정신병원도 다르지 않았다. 볼테라에서 치료법보다 더욱 잔인했던 것은 수많은 입원 환자가 외부 세계와 어떤 식으로든 접촉하지 못하게 막은 일이었다. 가족이 부지런히 쓴 편지는 환자에게 결코 전해지지 않았고, 병원 기록실에 보관되었다.

다행히도 정신병원은 1978년에 폐쇄되었고, '바잘리아 법'으로 알려진 법안이 통과되었다. 정신병 치료법을 개혁하려던 정신과 의사 프랑코 바잘리아가 정신 질환자를 구식 시설에 잡아 가두고 억누르는 것에 반대하는 캠페인을 벌인 덕분이었다.

오늘날에도 정신병원 건물은 내부에서 빚어진 공포를 아주 오랫동안 가둬둔 벽으로 둘러싸여 있다. 나무 그늘이 드리워진 이곳은 음산한 기운을 내뿜는 힘을 아직 잃지 않았다. 볼테라의 다른 고대 유적에는 존재하지 않는 힘이다. 오레스테 페르난도 난네티가 입원실 벽에 새긴 시와 이미지가 기묘하게 이어진 광경은 특히나 충격과 슬픔을 자아낸다. 난네티는 1958년에 볼테라 정신병원의 보안 병동에 입원해서 15년을 지냈다. 그가 허리띠 버클로 새긴 시와 그림은 처음에 무시 받았지만, 훗날 가치를 인정받아 볼테라시에서 명예 훈장을 받았다. 하지만 병원 건물의 관리 상태가 엉망인 데다 석고 반죽이 갈라지고 벗겨지면서 난네티의 시는 사라질 위험에 처했다.

'기적의 도시'는 왜
'미국의 살인 수도'가 됐을까

◉

시티감리교교회

미국

인디애나주의 공업 도시 가운데 가장 젊은 도시인 게리Gary는 미시간호 남쪽에 40.46제곱킬로미터쯤 펼쳐진 습지에서 1906년에 태어났다. 시카고에서 고작 64킬로미터 떨어진 곳이다. 게리는 유나이티드스테이츠철강United States Steel Corporation(US스틸)이 낳은 도시다. US스틸은 게리에 시간과 에너지, 비용을 쏟아 최첨단 공장을 짓는 대신 공장 노동자를 위한 마을은 눈에 띄게 무성의하게 계획했다. 예를 들어

시티감리교교회의 드넓은 예배당은
이제 비바람을 그대로 맞고 있다.

게리에서는 시민이 아니라 철강 공장을 중심으로 전력 공급을 조절했기 때문에 가로등이 깜박거리곤 했다. 하지만 게리를 '기적의 도시'나 '마법 같은 도시', '금세기의 도시'라고 부르며 옹호하는 사람들도 있었다. '금세기의 도시'라는 별칭은 게리의 앞날을 어느 정도 예언했다. 게리는 20세기의 우여곡절에 속수무책으로 휘둘렸고, 도시의 운명은 미국 제조업의 호황과 불황에 따라 요동쳤다. 도시 인구는 유럽에서 이민자가 쏟아져 들어오고 짐크로Jim Crow 법(공공시설에서 백인과 유색 인종을 분리하는 남부 주들의 법률로 1876년부터 1965년까지 시행됐다.-옮긴이)이 시행되는 남부에서 아프리카계 시민이 몰려오며 대거 늘어났다. 그러나 20세기 후반부터는 실업과 소위 '백인 탈출white flight(백인 중산층이 도심에서 교외로 탈출하는 현상-옮긴이)' 탓에 인구가 대폭 줄어들었다. 게리의 인구는 1960년에 17만 8000명으로 절정에 달했지만, 오늘날에는 7만 8000명 미만이다.

도시가 이름을 따온 주인공은 엘버트 H. 게리라는 기업 변호사이자 카운티 지방법원 판사다. 그는 US스틸에 융자해준 존 피어폰트 모건의 의견에 따라 기업의 이사회 회장에 임명되며 기업가로 변신했다. 게리는 노동조합과 노동자 권리에 반대하고자 성경을 선택적으로 인용하는 독실한 사람이었다. 자존심이 강하고 유머 감각이라곤 없는 이 도덕주의자는 하얗게 센 머리와 콧수염을 깔끔하게 정리한 모습으로 귀족적 분위기를 풍겼다. 신도시에 게리라는 이름을 붙이자고 제안한 사람도 그였다. 모건이 "물렁뼈 아첨꾼"이라고 맹비난할 만큼 교

다 허물어져 가던 건물은 1990년대에 발생한 화재로
복구할 수 없을 만큼 심각하게 파괴되었다.

활한 수완가였던 그는 이사회의 반대를 노련하게 물리쳤다. 사실 이
사회는 새 도시에 US스틸 회장 윌리엄 엘리스 코리의 이름을 붙여야
마땅하다고 생각했다. 미국 우체국도 신도시의 명칭을 게리로 정하
면 메릴랜드주의 게리와 헷갈릴 것이라며 반대했다. 중서부에서 나
고 자란 게리는 자신의 이름을 딴 도시가 설립된 후에도 계속 뉴욕에
머물렀지만, "내 마음은 인디애나주 게리에 있다"라고 자주 주장했다.
1920년대에 그는 급증하는 게리 인구에 헌신할 새로운 감리교 교회

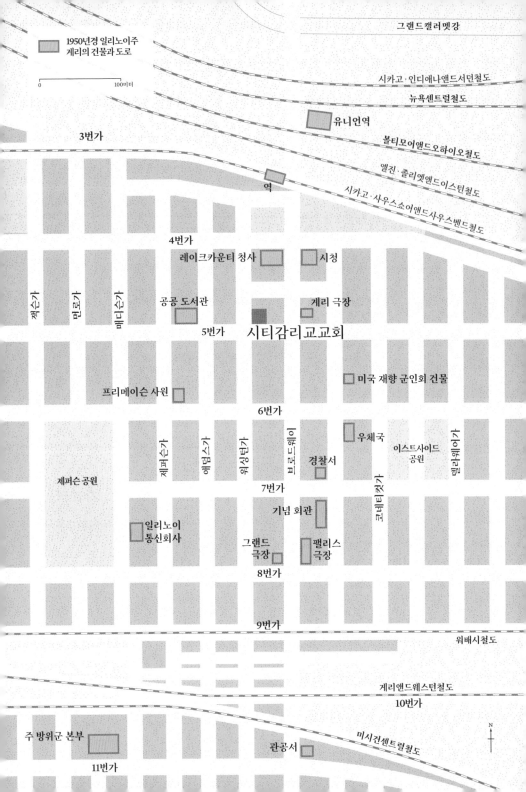

그랜드캘러멧강

1950년경 일리노이주
게리의 건물과 도로

0   100미터

시카고·인디애나앤드서던철도

뉴욕센트럴철도

유니언역

3번가

볼티모어앤드오하이오철도

엘진·졸리엣앤드이스턴철도

역

시카고·사우스쇼어앤드사우스벤드철도

4번가

레이크카운티 청사   시청

공공 도서관   게리 극장

잭슨가
먼로가
매디슨가

5번가   시티감리교교회

미국 재향 군인회 건물

프리메이슨 사원

6번가

우체국

제퍼슨가
애덤스가
워싱턴가
브로드웨이

이스트사이드
공원

코네티컷가

델라웨어가

제퍼슨 공원

경찰서

7번가

기념 회관

일리노이
통신회사

그랜드
극장

팰리스
극장

8번가

9번가

워배시철도

게리앤드웨스턴철도

10번가

주 방위군 본부

관공서

미시건센트럴철도

N

11번가

를 세우는 사업도 열정적으로 후원했다. 교회를 지을 부지를 제공하고 기업 자금 35만 달러를 공사 기금으로 내놓는 안을 승인했을 뿐만 아니라 심지어 4단 건반 어니스트 스키너 파이프 오르간까지 개인적으로 기부했다.

아마 게리는 교회가 재정적으로 자립할 수 있도록 계획되었고, 예배를 보는 본관 외에도 사회적·교육적 기능과 상업적 기능을 맡은 별관이 들어선다는 데 매력을 느꼈을 것이다. 이 계획은 진보적인 지역 목사 윌리엄 그랜트 시먼 박사가 주도했다.

인디애나 출신으로 보스턴신학교를 졸업하고 인디애나 그린필드의 드포대학교에서 철학을 가르쳤던 시먼은 1916년에 다코타웨슬리언대학교에서 게리로 왔다. 게리에서 그는 낙천적 성격 덕분에 '서니 짐Sunny Jim(명랑한 짐—옮긴이)'이라는 별명을 얻었다. 아울러 인종적 관용과 더 커다란 통합을 지지하며 큰 목소리를 냈다. 1924년, 그는 큐클럭스클랜(K.K.K.)을 영웅으로 묘사하는 D.W. 그리피스의 영화 〈국가의 탄생〉이 "인종적 편견을 일으킨다"며 오르페움 극장에서 상영을 중단해달라고 게리 시장 R. O. 존슨을 압박했다. 안타깝게도 그의 바람은 이루어지지 않았다. 그해 12월, 누군가가 어느 흑인 남성을 공격한 후 휘발유를 들이붓고 불을 질러서 심각한 화상을 입혔다. 가해자는 끝내 체포되지 않았고, 게리에서는 인종차별적 공격이 급증했다.

시먼은 교회가 게리의 모든 공동체를 하나로 모으기를 바랐다. 그러나 수많은 백인 신도의 저항과 인종 차별 탓에 모두를 포용하는 교회를 만들겠다는 그의 꿈은 꺾이고 말았다. 시먼은 기금을 마련하기 위해 제작한 팸플릿에서 교회에 관한 자신의 비전을 이렇게 설명했다.

"쇠와 철을 만드는 건장한 노동자, 활발하게 영업하는 상업가, 바쁜 여성, 성장하는 아이들은 주일에 한 시간뿐만 아니라 주중에도 매시간 주님의 영향력을 확인하며 그리스도가 살아계신다고 확신합니다. 따라서 시내 교회에서 예배 계획과 포괄적인 목회 활동 계획을 마련했습니다. 교회는 일주일 내내 문을 엽니다. 교회는 청년과 노인을 위해 기독교 교육, 건전한 오락, 매력적이고 순수한 여흥 거리를 제공합니다. 무엇보다도 교회는 도시의 중심부에 기독교의 우애 정신을 불러옵니다."

게리의 시티감리교교회는 고딕 양식을 완벽하게 부활시킨 장중한 작품이자 중서부 최대의 감리교 교회였다. 시카고를 기반으로 활동하는 건축 회사 로앤드볼렌바허Lowe & Bollenbacher가 인디애나 베드퍼드의 석회암을 사용해서 21개월 만에 완공했다. 1926년 10월 3일에 시먼이 첫 예배를 집전했고, 게리에서는 일주일 동안 밤마다 축하 행사가 열렸다. 목사 관저 뒤로 각종 사무실과 체육관, 극장 홀까지 품은 9층짜리 건물이 들어섰다. 교회에서는 강연과 대담, 연극, 스포츠 행사(정규직 직원 여섯 명 중에는 스포츠 감독도 있었다), 공공 행사, 음악 콘서트, 종파를 초월한 공연과 쇼, 심지어 영화 상영까지 이루어졌다. 그런데 1700명쯤 되는 신도 가운데 일부는 교회 건물이 지나치게 가톨릭적이라고 생각했다. 게다가 교회 단지 전체를 관리하는 데 드는 비용은 시먼이 처음에 계산했던 것보다 더 컸다. 유지비 탓에 자금이 계속 부족해졌기 때문에 문제가 심각해졌다. 교회를 다니지 않는 사람도 찾아오게 만들어서 수익을 개선하고자 카페테리아를 만들자는 계획이 제안되었다. 하지만 자기 식당의 손님을 빼앗기고 싶지 않았던 주요 감리교 식당의 주인이 반대하는 바람에 무산되었다. 볼링장을 만드는 계획도 거론된 듯하지만, 실현되지 못했다. 어쨌든 교회가 춤과 저속한 언어를 반대했으니 젊은 노동자들 사이에서 인기가 없을 수밖에 없었다. 고단한 일상에서 벗어나 느긋함을 즐기려는 사람들은 언행을 조심할 필요가 없는 데다 술도 마실 수 있는 무허가 술집에 드나드는 편을 더 좋아했다. 시먼은 1929년에 결국 신도들에게 쫓겨나서 오하이오주 랭커스터 교구로 옮겼다. 그는 게리를 떠나면서도 이곳에는 "진보와 환대라는 진정 서구적인 정신"이 있다며 게리를 여전히 사랑한다고 밝혔다. 그는 1944년에 자동차 사고로 숨졌다. 유언에 따라 시먼의 유해는 그 자신이 설립에 힘을 보탰던 게리의 교회에 묻혔다.

전후 종교 부흥기였던 1950년대에 게리의 시티감리교교회는 무려 3000명이나 되는 신도 수를 자랑했다. 백인과 중산층이 대다수였던 교회 신도는 게리의 심각한 인종 간 불평등을 반영했다. 게리는 당대 미국 북부에서 인종 차별이 가장 극심한 도시 가운데 하나로 꼽힌다. 1960년대로 접어들자 부유한 백인이 교외로 떠나기 시작했다. 철강 산업에서 해외 경쟁이 치열해지고 자동화가 확대되면서 정리해고가 발생하자 도심 범죄율도 증가했다. 결국 교회 신도 숫자가 점차 줄어들었다. 1973년에 교회의 신도는 겨우 320명뿐이었고, 이 중에서 예배에 꾸준히 나오는 사람은 3분의 1에 지나지 않았다. 2년 후, 시티 감리교 교회는 문을 닫았다. 인디애나대학교가 교회와 이웃한 홀 일부를 인수했지만, 교회를 대신할 용도를 찾지 못했다. 게리가 "미국의 살인 수도"라는 부끄러운 이름을 얻은 1993년, 교회는 이미 무너져가는 겉껍질로 변해 있었다. 4년 후에는 화재가 건물 전체를 휩쓸었고, 복구를 향한 희망을 완전히 꺾어놓았다. 2000년대로 들어선 후 한동안은 철거가 유일한 답인 듯했지만, 이제는 공원 조성이라는 가능성이 새로 생겨났다. 이 도심 속 에덴은 러스트벨트에서 가장 고통받은 도시, 가까운 과거는 괴로웠고 미래는 불안한 이 지역에 위안이 되어줄지도 모른다.

여성들은 그 섬을
벗어날 수 없었다

◉

아캄펜섬
우간다

우리는 불의를 생생하게 기억해야 한다. 과거에 그토록 참혹한 고통을 겪은 사람들이 잊히지 않도록, 미래에 다시는 그런 일이 벌어지지 않도록 하기 위해서다. 르완다와 국경을 맞댄 우간다 남서부의 분요니호수에는 수풀이 무성한 환초 아캄펜섬 혹은 '형벌의 섬'이 떠 있다. 잘 보이지도 않는 이 좁다란 섬은 소름 끼치는 역사를 품고 있다. 아프리카에서 이 일대를 여행하는 관광객이라면 이곳이 꺼려질지

283

도 모른다. 비교적 최근까지만 해도 아캄펜섬은 가족에게 수치를 안겨준 젊은 처녀가 끌려와서 버려지는 곳이었다. 이 여성들은 추위와 굶주림에 시달리다가 죽거나, 직접 목숨을 끊기 위해서 또는 섬에서 빠져나가기 위해서 물에 뛰어들었다가 죽었다.

바키가Bakiga 사회에서 처녀성을 잃지 않은 딸은 전통적으로 결혼 시장에서 가장 우수한 상품이었다. '때 묻지 않은' 신부의 가족은 지참금으로 가축을 넉넉하게 받기 때문이다. 결혼하기도 전에 아이를 밴 여자는 부족의 성적 도덕률을 어겼을 뿐만 아니라 가족의 잠재적 수입을 빼앗고 더군다나 먹여 살릴 입까지 늘린 죄인으로 여겨졌다. 따라서 그들은 죽음이 거의 확실한 아캄펜섬 유배라는 가혹한 벌을 받았다. 섬에 두 그루밖에 없는 나무에는 먹을 수 있는 열매도 열리지 않았고, 안전한 피신처가 되어주지도 않았다. 수영을 배운 처녀는 거의 없었기 때문에 주변 섬들이나 본토로 헤엄쳐가서 목숨을 부지할 가능성도 극도로 작았다. 가까스로 탈출하거나 구조된 사람이 아예 없지는 않았다. 이 '구세주'는 대체로 지참금이 없어서 아내를 맞이하지 못하는 대신 이 죄인들을 '얻을' 수 있는 가난한 남성이었다(때로는 임신시킨 연인이 구하러 오기도 했다). 그러나 이런 경우는 드물었다. 여인들은 남몰래 배에 실려서 오기도 했고, 다른 처녀들에게 경고할 의도로 가족과 친구, 이웃이 보는 앞에서 치러진 의식을 거친 후 끌려오기도 했다. 이렇게 철저하게 버림받았다는 생각에 많은 이가 아캄펜에 버려지자마자 물에 뛰어들어 스스로 목숨을 끊었다.

0   2킬로미터
N

하무카카
브라이트섬

키루루마 습지

부쿠라누카섬
(업사이드다운섬)

카치웨카노

분요니호

네이처스프라임섬

부푸카

부푼디
부가로바 습지
키야후기섬
부곰베섬
부샤라섬

은주이라섬(샤프섬)
브와마섬

하부하로섬
이탐비라섬

아캄펜섬
(형벌의 섬)

우간다

콩고
민주공화국

남수단

카지엔기 습지

우간다

캄팔라
케냐

아캄펜섬
빅토리아호

르완다
탄자니아

무간두 습지

루항가

키에부

분요니호수 가운데 떠 있는 이 작은 섬에서
수많은 젊은 여성이 목숨을 잃었다.

이 관행은 19세기에 아프리카가 유럽 열강에 식민 지배를 받고
기독교 선교단이 들어오면서 공식적으로 금지되었다. 그러나 선교사
라고 해서 미혼모를 향한 태도가 현지 주민보다 더 계몽된 것도 아니
었고, 이 지방은 우간다에서 한참 외딴곳에 있기 때문에 아캄펜섬 유
배 관습은 20세기에도 꾸준히 이어졌다. 아캄펜에 버려졌다가 살아
남은 여성들이 오늘날에도 생존해 있다. 이들의 설득력 강한 증언은

우간다의 성 불평등에 관한 지속적인 대화에 영향을 미쳤다. 그런데 분요니호수의 수위가 해마다 높아지면서 이 섬은 머지않아 물 아래로 사라질 위험에 빠졌다. 그토록 오랫동안 젊은 여성들을 '사라지게' 만들었던 땅덩어리가 사라진다니 인과응보처럼 보일 수도 있다. 반대로 성차별을 증언하는 표지가 우간다의 풍경에서 없어진다면 이 섬에서 벌어진 일도 점점 잊힐 것이라고 우려하는 사람들도 있다. 하지만 관광 지역에 포함된 아캄펜섬은 잔혹한 대우를 받으며 어떤 식으로도 목소리를 낼 수 없었던 여성들의 이야기를 당분간은 계속 들려줄 것이다.

연방대법원 건물 설계자의
비밀스러운 오점

시사이드 요양원
미국, 코네티컷

흔히 '폐결핵'으로 알려지고 '죽음의 지휘관The Captain of Death'이나 '하얀 흑사병The White Plague'이라는 별명으로 불렸던 결핵은 19세기 말과 20세기에 미국과 유럽 인구 일곱 명 중 한 명을 죽였다. 결핵 사망자 수는 그 어떤 단일 질병 사망자 수보다 많았다. 계급도 종교도 아랑곳하지 않고 공격하는 결핵에 걸리면 연거푸 터져 나오는 마른기침과 피가 섞여 나오는 기침에 시달리면서 점점 쇠약해졌고, 치유의 희망

0 50미터

N

쇼어로

옛 펌프실

활동 및
치료 건물

건물 유지
정비 공장

시사이드가

직원 숙소

연립주택

간호사 숙소

원장 숙소

차고

직원 숙소

스티븐J.마허 건물

병원 건물

연립주택

간호사 숙소

시사이드 요양원 부지

주요 건물(~1996년)

롱 아 일 랜 드 만

시사이드
요양원

뉴헤이븐

롱아일랜드만

롱아일랜드

뉴욕

대서양

시사이드 요양원 건물은 미국의 국가 사적지지만,
황폐해지고 있다.

도 없이 암울한 최후를 맞이했다. 독일의 세균학자 로베르트 코흐가
1880년대에 결핵의 원인이 감염성 세균이라는 사실을 정확하게 밝혀
내기 전까지 이 질병은 유전병으로 여겨졌다. 따라서 치료의 근거로
삼을 만한 것은 별로 없었지만 신선한 공기와 자연의 유익한 효과를
알아본 의사들은 결핵 환자에게 외딴 산속 휴양지나 온화한 해안 지
역에서 요양하라고 권했다. 1884년, 에드워드 리빙스턴 트루도 박사
가 뉴욕시에서 480킬로미터 떨어진 애디론댁산맥의 새러낵호수 인

주요 건물에는 결핵 환자가 햇볕을 쬐고 바닷바람을 쐬며
건강을 회복할 수 있도록 커다란 테라스를 만들어놓았다.

근에 미국 최초의 결핵 요양원을 세웠다. 그는 코흐의 연구실에서 수
학한 의사이자 결핵 환자이기도 했다. 곧 결핵을 앓는 사람들이 요양
원으로 대거 몰려왔다. 거의 50년 후, 햇살과 바다가 결핵 치료에 도
움이 된다는 생각 덕분에 코네티컷주의 울퉁불퉁한 롱아일랜드만 해
안선 일대가 이상적인 요양소 입지로 떠올랐다. 그래서 생겨난 워터
포드의 시사이드 요양원은 미국에서 처음으로 아동 결핵 환자를 전문
적으로 돌보았다.

　　요양원을 설계한 주인공은 오하이오 출신의 저명한 건축가 캐
스 길버트다. 왕성하게 다작한 길버트는 1913년 완공 당시 전 세계에
서 가장 높은 건물이었던 57층짜리 울워스 빌딩과 웅장한 신고전주
의 양식으로 지은 워싱턴 D.C.의 연방대법원 건물도 설계했다. 하지
만 워터포드에서는 바다가 내려다보이는 해변에 다소 수수한 벽돌 건

물 단지를 지었다. 박공 현관과 석조 아치 길을 갖춘 건물 벽에는 높다란 창문을 줄지어 만들어서 건강에 좋은 햇빛이 실내 전체에 스며들도록 했다. 길버트의 생애가 끝나갈 무렵인 1930년대에 문을 연 시사이드 결핵 요양원은 수명이 비교적 짧았다. 새로운 결핵 치료법과 백신이 등장하면서 요양원은 1958년에 노인 요양소로 바뀌었다. 그러고도 얼마 지나지 않아 '지적 장애인'을 위한 병원으로 바뀌었고, 기관명도 '시사이드 정신지체자 지역센터'가 되었다. 이 병원 역시 1996년에 끝내 문을 닫았다. 부동산 개발업자가 이곳을 새로운 주립공원의 중심에 있는 리조트로 개조하려고 했지만 성사되지 못했고, 길버트가 지은 건물은 버려진 채 썩어갔다.

길버트의 명성과 건축의 우수성 덕분에 요양원 건물은 미국 국가사적지에 등재되었다. 그런데 코네티컷주 정부가 이 부지를 개조하려는 계획에 알맞은 상업 파트너를 아직 찾지 못해서 건물의 미래는 여전히 불투명하다. 한편, 유령이 되어버린 건물은 기물 파손을 막고자 울타리로 둘러싸였지만, 불가사의한 초자연적 활동을 조사하려는 사람들을 꾸준히 유혹하고 있다. 이런 사람들이 보기에 시사이드 요양원은 심령 에너지의 풍부한 원천이다. 건물의 벽돌에는 이곳에서 치료받다가 세상을 뜬 사람들의 비극적 기억이 스며들었을지도 모른다.

세계에서 가장 오래된
축구 구단의 훈련장이 간직한 비밀

◉

레녹스성 병원
영국, 스코틀랜드

글래스고의 셀틱 FC 선수들은 2007년부터 옛 레녹스성 구내에 지어진 최첨단 훈련 시설을 사용하고 있다. 이들에게 지척에서 조금씩 무너지고 있는 레녹스성은 약간 불길하긴 해도 변함없이 존재감을 과시하는 건물이다. 하지만 진지한 훈련 중에 레녹스성에 관심을 기울일 수 있는 선수는 거의 없을 것이다. 레녹스성은 적갈색 사암으로 지은 위풍당당한 네오노르만Neo-Norman 양식 저택이다. 지금은 성곽과

벽이 심하게 낡았지만, 이 3층짜리 대저택을 세우는 데 적지 않은 비용이 들어갔다. 지역 지주 존 레녹스 킨케이드의 의뢰로 '글래스고 건축의 아버지'이자 '생동감 넘치는 대화 실력'으로도 존경받은 데이비드 해밀턴이 1837년부터 1842년까지 건물을 지었다. 침하와 파손에 시달린 레녹스성은 1990년대 말에 지붕의 타일과 목재를 도둑맞은 뒤 비바람에 그대로 노출되어 있다. 셀틱 FC가 근처로 이사 온 지 1년도 채 되지 않았을 때 불이 나서 황폐해진 성은 스코틀랜드의 심각한 위험에 처한 건물 목록에까지 올랐다.

이 웅장하고 귀족적인 건물은 50년이 넘는 세월 동안 치료 시설이라는 조금 더 겸손한 목적으로 사용되었다. 1927년, 레녹스 가족은 성과 4950제곱미터쯤 되는 주변 땅을 2만 5000파운드에 글래스고 시의회에 팔았다. 시의회는 당시 무신경하게도 '정신박약'이라고 불리던 이들을 수용할 병원을 세우려 했고, 100만 파운드 이상을 들여서 레녹스성을 병원으로 바꾸었다. 1913년에 정신박약법Mental Deficiency Act이 통과된 덕분이었다. 우생학 이론에 영향을 받은 법안은 '정신박약인'이 영국 혈통을 약하게 만들기 때문에 이들을 대중에게서 떨어뜨려 놓을 별도의 의료 센터를 짓도록 허가했다. 레녹스성 병원은 1936년에 개원할 당시 이러한 기관의 모범으로 꼽혔다. 더 나아가 당시에 만연했던 음울한 정신병원에 진정한 계몽과 발전을 가져다주리라고 여겨졌다.

병원은 환자 1200명(남녀 각각 600명씩)을 수용할 수 있었다. 글래

스고의 학습 장애 환자들이 특별히 지어진 숙소 블록 또는 '빌라'에서 생활했다. 기혼 직원과 미혼 간호사를 위한 숙소도 따로 있었고, 커다란 식당도 두 군데였다. 처음에는 병원 전체와 부지가 성별로 엄격하게 나뉘었다. 남성 환자와 직원은 언덕 아래 지역, 여성 환자와 직원은 언덕 위 지역에서만 생활했다. 가운데의 팔각형 찻집이 경계선 역할을 맡았다. 고위 관리인들의 주의 깊은 감시 아래 매주 열리는 티 댄스 파티는 남녀 환자와 직원이 함께 어울리는 유일한 기회였다. 초기에 병원은 주변 지역에서 확실하게 고립되고자 현지 주민을 채용하지 않

으려고 했다. 오히려 병원 운영을 유지하는 이들은 대개 환자였다. 환자들은 세탁실이나 주방, 정원에서 배정받아 일했고, 일주일에 담배 열 개비 정도를 임금으로 받았다. 병원은 규율이 엄격해서 환자가 사소한 사항이라도 위반하면 침대에 눕히고 빵과 물만 줬다. 다루기 힘든 환자에게는 파라알데하이드 진정제를 처방했다.

레녹스성 병원에 억류된 환자 다수는 그저 지능지수가 낮다고 판정받거나, 사회 시스템에서 소외되어 범죄에 빠진 청소년과 청년이었다. 2013년,《데일리레코드》는 노먼 텔퍼의 사례를 보도했다. 텔퍼는

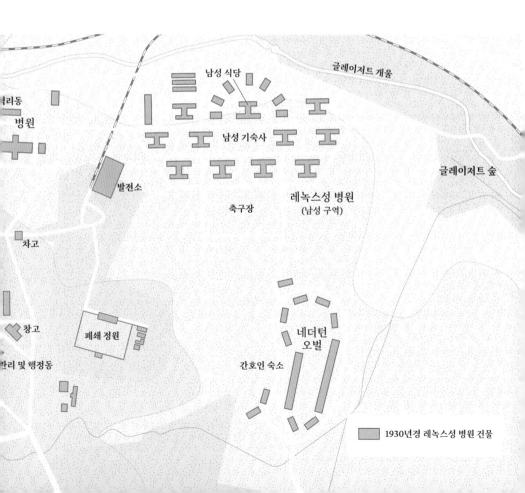

학교를 무단결석한 후 고작 열네 살에 레녹스성 병원에 갔혔고, 40년 넘게 병원에서 지내야 했다. 1930년대에는 성 규범에 순응하지 않는 노동자 계층 젊은 여성을 '도덕적으로 타락'한 존재로 분류하고 병원에 입원시켰다. 병원이 문을 닫을 때 즈음 이런 여성들은 노년이 되어 있었다. 당시 레녹스성 병원에서 일했던 직원들은 편파적이고 해로운 진단에 희생된 환자들을 다루었다고 밝혔다.

제2차 세계대전 도중 병원은 잠시 군대에 징발되었다. 전쟁이 끝난 직후에는 레녹스성 내부에 대중이 이용할 수 있는 별도의 산부인

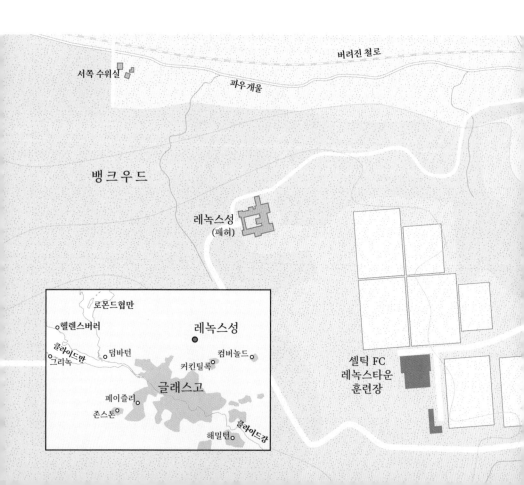

과 병원이 문을 열었다. 1948년에 바로 이곳에서 마리 맥도널드 매클로플린 로리Marie McDonald McLaughlin Lawrie(예명 '루루'로 더 잘 알려진 가수 겸 배우)가 태어났다. 이후 수십 년 동안 레녹스성 병원은 늘어나는 수요에 대처하느라 고군분투했고, 과잉 수용과 인력 문제에 직면했다. 1957년에는 전면적인 폭동이 일어나는 바람에 소방대를 불러서 주동자들에게 물대포를 쏘고 나서야 질서를 회복할 수 있었다. 시위를 주도한 이들은 다른 병원에서 막 레녹스성 병원으로 이송되어 특히나 불안해하던 환자들이었다.

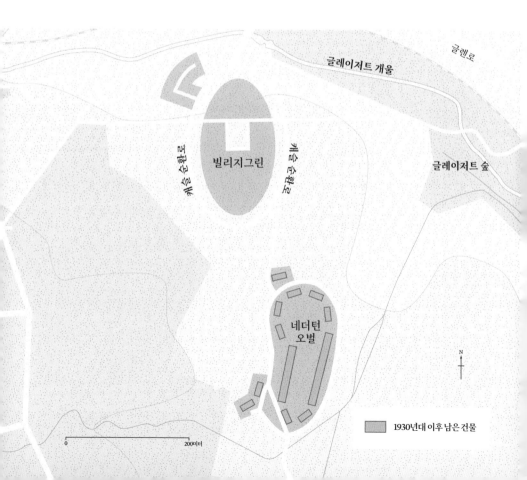

방대한 병원 단지 중에서 살아남은 것은 오직 실제 성의 유적뿐이다.

　　점차 정신 질환 치료를 향한 태도가 변화했고, 레녹스성 병원의 열악한 상황과 환자가 겪는 가혹한 대우를 비판하는 보고서도 여러 건 발표되었다. 1989년《영국의학저널British Medical Journal》의 연구는 병원 환자의 4분의 1이 "심각한 저체중 및 영양실조"라는 사실을 발견했다. 결국 레녹스성 병원은 1990년대에 단계적으로 폐쇄되었다. 2002년이 되자 원래 성만 전체 부지에서 살아남았고, 주변 땅은 마침내 셀틱 FC가 영국 국민건강보험으로부터 사들였다. 우연히도 축구는 레녹스성 병원의 초창기부터 병원 생활에서 중요한 요소였다. 1938년에 찍힌 사진을 보면 레녹스병원의 환자 XI 팀이 셀틱 FC의 A팀과 함께 포즈를 취하고 있다. 레녹스타운까지 방문한 이 유명한 손님들은 레녹스성 병원에 축구장이 만들어지고 첫 경기를 치렀다.

새들만 살던 '펠리컨섬'은
왜 죄수들의 섬이 됐을까

◉

앨커트래즈 교도소
미국, 샌프란시스코

샌프란시스코는 지도 제작자들에게 상당히 불운한 지역이었다. 1603년, 스페인의 바스크계 상인이자 탐험가인 세바스티안 비스카이노는 스페인 펠리페 3세의 명령으로 캘리포니아 해안 지도를 제작했다. 그런데 비스카이노의 배는 골든게이트와 샌프란시스코만을 보지 못하고 그대로 지나쳐버렸다. 이것은 그가 캘리포니아 해안을 항해하면서 지도를 제작할 때 저지른 숱한 실수 가운데 하나일 뿐이다. 그가 샌프란시스코에서 남쪽으로 대략 190킬로미터 떨어진 몬터레이를 표현한 지도는 너무 부정확해서, 나중에 캘리포니아를 찾아온 사람들은 그의 지도를 제대로 읽지 못해 애를 먹었다. 샌프란시스코만 앞에 떠 있는 척박한 섬도 지도와 관련해 혼란을 겪었다. 1770년, 비스카이노보다 더 꼼꼼했던 스페인 측량사들은 구아노로 뒤덮인 이 사암 섬에 단순히 바위섬이라는 이름을 붙였다. 그런데 어느 영국 선장이 샌프란시스코만의 해도를 그리던 중 잘못해서 이 섬에다 바로 옆에 있는 예르바부에나섬의 별명을 써넣었다. 그가 펜을 잘못 놀린 탓에, '바위섬'은 더 매력적으로 들리는 '이슬라데로스알카트라세스Isla de los Alcatraces, 즉 펠리컨섬이 되어버렸다(스페인어로 '알카트라즈alcatraz'는 펠리컨이라는 뜻이다-옮긴이). 그런데 '앨커트래즈Alcatraz'라는 지명을 끝내 확정시킨 주인공은 펠리컨이 아니라 죄수들이었다. 이 섬은 '최대 보안, 최소 특혜'를 자랑하며 미국에서 가장 악명을 떨쳤던 연방 교정 시설을 29년 동안 품었다. 위험천만한 바닷물에 사방이 둘러싸인 교도소는 전국을 떠들썩하게 한 최악의 살인범과 유괴범, 강간범, 폭력배, 갱에게 한 치의 타협도 없이 가혹하게 굴었다.

19세기 중반까지 이 섬에는 새들밖에 없었다. 캘리포니아주는 멕시코-미국 전쟁에서 미국이 이기고 얻은 전리품이었다. 새로 얻은 영토를 강화하는 데 열성이었던 밀러드 필모어 대통령은 1850년 앨커트래즈에 태평양 연안 방어선의 일부가 될 군사 요새를 건설하라는 명령에 서명했다. 요새 건설은 군인이자 토목 기사였던 젤러스 베이

앨커트래즈섬의 연방 교도소는 미국에서 가장 위험하고
악명 높은 흉악범을 수용했다.

모렐인더스트리즈 건물

발전소

병참 건물

뉴인더스트리즈 건물

방파제

급수장

감시탑

급수탑

장교 클럽

탐지 장치 보관소

방파제

운동장

장미정원

이스트로

계단

식당

전기 설비 작업장

경호실

정원

교도소 본관

감시탑

병영

케스트로

부두

등대

샌프란시스코만

아파트 건물터

연병장

아파트 건물터

옛 교도소 건물

폐허가 된 건물

방파제

0   100미터

앨커트래즈섬

버클리

샌프란시스코만

골든게이트 다리

오클랜드

태평양

샌프란시스코

앨커트래즈섬

N

츠 타워가 지휘했다. 쉬운 작업은 아니었다. 섬에는 오직 바지선과 페리로만 갈 수 있었기 때문에 자재 운반이 어려워서 공사가 끊임없이 지연되었다. 공사 인부를 모집하는 일도 문제였다. 다들 샌프란시스코만의 비와 안개 속에서 등골 빠지는 공사에 매달리기보다 새크라멘토 계곡의 황금 들판으로 가기를 원했다.

앨커트래즈 요새는 1859년에 완공되자마자 탈영병과 군율을 어긴 죄인을 가둬두는 영창으로도 사용되기 시작했다. 1861년에 남북전쟁이 터진 후에는 남부연합에 동조하는 사람들도 이곳에 투옥했다. 1907년에는 새로운 수감동을 짓고 요새 전체를 군사 감옥으로 바꾸었다. 1934년, 군대가 연방정부에 앨커트래즈 요새를 양도했다. 사법부는 앨커트래즈를 다루기 힘든 구제 불능 범죄자를 특별히 수용하는 교도소로 바꾸고, 제임스 A. 존슨을 초대 교도소장으로 임명했다.

'황금 규칙 교도소장'이라고 불리는 존슨은 폴섬 교도소Folsom Prisons와 샌쿠엔틴 교도소San Quentin Prisons를 관리한 적 있는 형벌학자였다. 규율을 엄격하게 강조했던 그는 앨커트래즈에 부임하고 첫 3년 동안 수감자에게 침묵 규칙을 부과했다. 앨커트래즈 재소자는 의도적으로 고립되어 지루한 생활을 반복해야 했다. 각 수감자는 가로 1.5미터, 세로 2.7미터짜리 독방에 갇혔다. 주중에는 아침 7시에 일어나서 밤 9시 30분에 소등할 때까지 노역과 짧은 식사로 구성된 일과를 변함없이 되풀이했다. 토요일과 일요일에는 일정 시간 동안 마당으로 나가서 농구 같은 스포츠나 다른 활동을 할 수 있었다. 영화 상영은 한 달에 두 번, 외부인 한 명만 허용하는 면회는 한 달에 한 번이었다. 하지만 어떤 특혜든 교도소장에게 허가를 받아야 했고, 사전 예고 없이 즉각 취소될 수 있었다. 교도소를 드나드는 우편물은 내부 검열관이 전부 확인했다.

가장 악명 높은 앨커트래즈 수감자는 교도소 역사의 초기에 투옥되었다. 바로 시카고 범죄위원회가 공공의 적 1호로 지정한 마피아 알 '스카페이스' 카포네다. 알 카포네는 탈세 혐의로 기소되어 애틀랜타의 감옥에 갇혔다가, 마침내 1934년 8월에 갓 개소한 앨커트래즈로 이감되었다. 이 이감은 아마 정부가 신설한 교도소를 널리 홍보하기 위해 벌인 선전이었을 것이다. 이미 애틀랜타에서 매독을 진단받은 알 카포네는 정신적·육체적 건강이 나빠진 탓에 복역 기간 중 마지막 해는 앨커트래즈 내부 병동에서 지냈다. 그는 수감 생활 동안 다른 죄수에게 등을 찔린 사건을 포함해서 암살 시도를 여러 차례 겪고 가까스로 살아남았다. 그러나 악기를 연주하는 특혜를 얻어서 죄수들로 구성된 밴드 '록아일랜더스The Rock Islanders'에서 밴조를 연주하기도 했다. 록아일랜더스는 일요일 저녁마다, 또 감옥에서 특별 행사가 있을 때마다 연주를 선보였다.

앨커트래즈섬은 본토에서 1.6킬로미터 넘게 떨어져 있는 데다, 배를 타지 않고서는 절대 갈 수 없었다. 따라서 당국은 교도소가 사실상 탈출 불가능하다고 판단했다. 기록상 탈옥 시도는 모두 14번 있었지만, 성공 사례는 없다고 여겨진다. 가장 유혈 낭자했던 탈주 시도는

교도소의 음울하고 금욕적인 환경을 잘 보여주는 수감동 내부.

1946년 5월 2일에서 4일 사이에 벌어졌다. 죄수 여섯 명이 교도관들을 제압하고 어렵사리 수감동을 통제하는 데 성공했다. '앨커트래즈 전투Battle for Alcatraz'로 영원히 기억될 이 사태에서 교도관 두 명이 살해당했고, 열여덟 명이 다쳤다. 결국 질서를 회복하고자 해병대가 투입되었다. 아수라장 같은 혼전이 이어졌고, 탈옥을 시도한 여섯 명 가운데 세 명이 목숨을 잃었다. 나머지 세 명 중 둘은 이후에 살인죄로 처형되었고, 하나는 21세 미만인 탓에 두 번째 종신형을 선고받았다.

1962년 6월 11일 밤, 이미 전설이 되어버린 이 감옥에서 훨씬 더

아프거나 다친 수감자를 보냈던 의무실에 들것이 버려져 있다.

대담한 탈옥 시도가 일어났다. 이 사건은 클린트 이스트우드의 영화
〈알카트라즈 탈출〉의 바탕이 되었다. 프랭크 리 모리스와 공범 존 앵
글린, 클래런스 앵글린, 앨런 클레이턴 웨스트는 수개월에 걸쳐 탈출
계획을 모의했다. 이들은 환기 통로에 터널을 뚫었고, 탈출을 감추기
위해 감방 침대에 놓고 갈 모형까지 만들었다. 탈옥을 감행하던 날 밤,
웨스트는 자신의 환기 통로에서 창살을 제거하지 못해서 결국 빠져나
가지 못했다. 모리스와 앵글린 형제는 감방에서 벗어나는 데 성공했
고, 이튿날 아침까지 탈옥 사실을 들키지도 않았다. 이들은 끝내 발견

되지 않았으며, 바다에서 익사한 것으로 추정된다. 하지만 해변으로 떠밀려온 시신도 없었기 때문에 탈옥범들이 앨커트래즈를 이겼을 가능성은 완전히 사라지지 않았다.

모리스와 앵글린 형제가 '탈출'했던 해, 배우 버트 랭커스터가 로버트 스트라우드에 관한 전기 영화 〈버드맨 오브 알카트라즈〉에 출연했다. 스트라우드는 카나리아에 관해 책을 두 권 출간한 작가이자 악명 높은 살인범이었다. 앨커트래즈 교도소의 의사들이 악랄한 사이코패스로 간주했던 그는 다른 재소자와 직원들에게 예측 불가능하고 폭력적인 행동을 저질러서 독방에 감금되었다. 또한, 영화에서와 달리 스트라우드는 감방에서 새를 키울 수 없었다.

앨커트래즈 교도소는 랭커스터의 영화가 개봉되고 얼마 지나지 않아서 폐쇄되었다. 1963년, 하원의 관련 위원회는 앨커트래즈의 재소자 한 명에게 드는 비용이 뉴욕의 호화로운 월도프아스토리아 호텔에 투숙하는 것과 똑같다고 계산했다. 결국 로버트 케네디 법무부 장관이 교도소의 생명을 끝내버렸다. 이후 1969년부터 1971년까지는 앨커트래즈섬에 대한 권리를 조상에게서 물려받았다고 주장하는 아메리카 원주민이 잠시 이 섬을 차지했다. 1973년에 섬이 골든게이트 국립공원에 편입되면서 텅 빈 감옥도 대중에게 공개되었다. 이제 여유가 있는 사람이라면 자유 박탈이 목적이었던 이 시설, 이곳에서 잠시라도 머무는 일은 형벌 선고였으며 제정신이라면 누구도 원하지 않았던 시설을 몇 시간 동안 느긋하게 둘러볼 수 있다.

감사의 글

먼저 이 책을 의뢰해준 자라 안바리Zara Anvari와 매처럼 날카로운 눈으로 교열을 맡아준 줄리아 숀Julia Shone, 역시 편집에 힘을 보태준 조 할스워스Joe Hallsworth에게 감사드린다. 더불어 지도가 없었다면 이 책은 감히 제목에 '지도'라는 말을 쓰지 못했을 것이다. 마틴 브라운Martin Brown이 다시 한번 능수능란하게 지도를 그려주었다. 표지를 근사하게 디자인해준 해나 노튼에게도 고맙다.

이 책과 이전 지도책들을 위해 노력을 쏟아준 리처드 그린Richard Green과 케이티 본드Katie Bond, 자랑스러운 화이트라이언 출판사 직원들에게도 감사한 마음을 전한다. 특히, 홍보에 힘써준 멜로디 오두사냐Melody Odusanya에게 고마운 마음을 전하고 싶다.

런던 세인트팽크라스에 있는 영국도서관, 세인트제임스에 있는 런던도서관, 해크니도서관의 스토크 뉴잉턴 분관의 직원과 사서에게도 감사드린다.

더불어 유럽과 미국에 있는 가족과 지인들, (머나먼 과거와 현대의) 친구들 모두 감사하다. 마지막으로 나의 총명하고 아름다운 아내 에밀리 빅Emily Bick과 우리 고양이 힐다와 키트에게도 고맙다.

Adler, Richard, *Robert Koch and American Bacteriology*, McFarland & Company Inc, Jefferson, NC, 2016.

Andreassen, Elin, *Persistent Memories: Pyramiden, a Soviet Mining Town in the High Arctic*, Tapir Academic Press, Trondheim, 2010.

Bahn, Paul G.(ed.). *Lost Cities*, Weidenfeld & Nicolson, London, 1997.

Barbara, Christen and Flanders Steven(eds), *Cass Gilbert, Life and Work: Architect of the Public Domain*, WW Norton, New York, 2001.

Bartlett W.B., *King Cnut and the Viking Conquest of England 1016*, Stroud, Amberley, 2016.

Beale, Catherine, *Born Out of Wenlock: William Penny Brookes and the British Origins of the Modern Olympics*, Derby Books Company, Derby, 2011.

Berdy, Judith, and the Roosevelt Island Historical Society, *Roosevelt Island*, Arcadia Publishing, Charleston, SC, 2003.

Bhatt, S.K., *The Art and Architecture of Mandu*, Academy of Indian Numismatics and Sigillography, Indore, 2002.

Birley, Derek, *A Social History of English Cricket*, Aurum; London, 2013.

Blakemore, Harold, *From the Pacific to La Paz: the Antofagasta(Chili) and Bolivia Railway Company 1888–1988*, Lester Crook Academic/Antofagasta Holdings, London, 1990.

Bowler, Gerald, *Santa Claus: a Biography*, McClelland & Stewart, Toronto, ON, 2005.

Boswell, James, (eds) Brady, Frank and Pottle, Frederick A., *Boswell on the Grand Tour: Italy, Corsica, and France, 1765–1766*, Heinemann, London, 1955.

Boykoff, Jules, *Power Games: a Political History of the Olympics*, Verso, London; Brooklyn, NY 2016.

Briggs, Philip and Roberts, Andrew, *Uganda*, Bradt, London, 2007.

Bullock, Alan, *Hitler: A Study in Tyranny*, Penguin, London, 1990.

Caldwell Hawley, Charles, *A Kennecott Story: Three Mines, Four Men, and One Hundred Years, 1887–1997*, University of Utah Press, Salt Lake City, 2014.

Campbell Bruce, J., *Escape from Alcatraz: The True Crime Classic*, Ten Speed Press; New edition, Berkley, 2005.

Cantor, Jay E., *The Public Architecture of James Renwick, Jr: An Investigation of the Concept of an American National Style of Architecture During the Nineteenth Century*, University of Delaware, Newark, 1967.

Carter, Bill, *Boom, Bust Boom: A Story About Copper the Metal That Runs the World*, Scribner, New York, 2012.

Chico, Beverly, *Hats and Headwear Around the World: A Cultural Encyclopedia*, ABC-CLIO, LLC, Santa Barbara, CA, 2013.

Clammer, Paul, *Haiti*, Bradt, London, 2012.

Colquhoun, Kate, *A Thing in Disguise: the Visionary Life of Joseph Paxton*, Fourth Estate, London, 2003.

"Commercial Nuclear Power: Prospects for the United States and the World", Energy Information Administration, US Department of Energy, August 1991

Connors, Robert James, *Romancing Through Italy*, Plumeria Publishing, Lake Wales, Fl, 2017.

D'Angella, Dino(translated by The Craco Society, inc), *The History of the Town of Craco*, The Craco Society, SandwichMA, 2013.

Davich, Jerry, *Lost Gary, Indiana*, The History Press, Charleston SC, 2015.

Derrick, Peter, *Tunnelling to the Future: The Story of the Great Subway Expansion that Saved New York*, New York University Press, New York; London, 2002.

Dormandy, Thomas, *The White Death: A History of Tuberculosis*, Hambledon Continuum, London, 2002.

Druitt, T H, Kokelaar, editors, *The Eruption of Soufriere Hills Volcano, Montserrat from 1995 to 1999*, Geological Society, London, 2002.

Dubois, Laurent, *Avengers of the New World: The Story of the Haitian Revolution*, Belknap, Cambridge, Mass.; London, 2004.

Elborough, Travis, *Wish You Were Here: England on Sea*, Sceptre, London, 2010.

Fabijančć Tony, *Croatia: Travels in Undiscovered Country*, University of Alberta Press, Edmonton, 2003)

Freely, John, *A History of Ottoman Architecture*, WIT, Southampton, c2011.

Gray, Fred, *Walking on Water: The West Pier Story*, Brighton West Pier Trust, Brighton, 1998.

Greenlaw, Jean-Pierre, *The Coral Buildings of Suakin: Islamic Architecture, Planning, Design and Domestic Arrangements in a Red Sea Port*, Routledge, Taylor & Francis Group, London, 2015.

Gullers, K.W., *Sweden Around the World*, Gullersproduktion/Almqvist & Wiksell, Gebers, Stockholm, 1968.

Hamman, Brigette, *Hitler's Vienna: A Dictator's Apprenticeship*, OUP, Oxford, 2001.

Hardwick, M. Jeffrey, *Mall Maker: Victor Gruen, Architect of An American Dream*, University of Pennsylvania Press, Philadelphia, 2004.

Haywood, John et al. *The Cassell Atlas of World History: The Ancient and Classical Worlds Volume One*, Cassell, London, 2000.

Helmreich, William B., *The Manhattan Nobody Knows: An Urban Walking Guide*, Princeton University Press, Princeton, 2018.

Higham, N. J., *King Arthur: Myth-Making and History*, Routledge, London, 2009.

Hinckley, James, *Backroads of Arizona: Your Guide to Arizona's Most Scenic Backroad Adventures*, Motorbooks International, Osceola, WI, 2006.

Hood, Clifton, *722 miles: The Building of the Subways and How They Transformed New York*, The Johns Hopkins University Press, Baltimore, Md.; London, 2004.

Jetzinger, Franz, translated Wilson, Lawrence Wilson; foreword Bullock, Alan, *Hitler's Youth*, Greenwood Press, Westport, Conn, 1976.

Kidder, Randolph, *Sir Ernest Cassel, International Financier*, Harvard University Press, Cambridge, MA,1935.

King, G. R. D., *The Traditional Architecture of Saudi Arabia*, I.B. Tauris, London, 1998.

Kohl, Helga and Schoeman, Amy, *Kolmanskop: Past and Present*, Klaus Hess Verlag, Gottingen, 2004.

Korrodi, Ernesto, *Alcobaca. Estudo historico-archeologico, etc.*(with summaries in French and English), Porto, 1929.

Lansdowne, Miki, *Abandoned Gary, Indiana: Steel Bones*, America Through Time, Arcadia, Charleston, SC, 2019.

Lear, Edward, *Edward Lear in Corsica: the Journal of a Landscape Painter*, William Kimber, London, 1966.

Leroux, Vincent, *Secret Southern Africa: Wonderful Places You've Probably Never Seen*, AA publishing, Basingstoke, 1994.

Listri, Massimo, *Magnificent Italian Villas and Palaces*, Rizzoli International

Publications, New York, 2004.

Macaloon, John, editor, *This Great Symbol: Pierre de Coubertin and the Origins of the Modern Olympic Games*, Routledge, London, 2008.

Mallinson, William, *Cyprus: A Modern History*, I B Tauris & Co, London, Revised edition, 2008.

McKean, John, *Crystal Palace: Joseph Paxton and Charles Fox*, Phaidon, London, 1994.

Miller Robinson, Fred, *The Man in the Bowler Hat: His History and Iconography*, University of North Carolina Press, Chapel Hill, N.C, 1993.

Micale, Mark and Porter, Roy editors, *Discovering the History of Psychiatry*, OUP, Oxford 1994.

Mortada, Hisham, *Traditional Built Environment of Saudi Arabia: Al-Ula Unearthed*, Benton Heights LLC, Baltimore, 2020.

Newton, Matthew, *Shopping Mall*, Bloomsbury Academic, London, 2017.

Ownings, Lisa, *Craco: The Medieval Ghost Town*, Bellwether Media, Minneapolis, MN, 2018.

Ponting, Clive, *The Crimean War: The Truth Behind the Myth*, Chatto & Windus, London, 2004.

Pryce, Will, *Architecture in Wood: A World History*, Thames & Hudson, London, 2005.

Rogers, John ed, *Gillespie Kidd & Coia: Architecture 1956–1987*, Lighthouse, Glasgow School Art, Glasgow, 2007.

Rosenfeld, Alvin H., *Imagining Hitler*, Indiana University Press, Bloomington, 1985.

Seal, Jeremy, *Santa: a Life*, Picador, London, 2005.

Stevens, Rachel, "Creating the Artwork for Tame Impala's 'The Slow Rush'", *Creative Review*, 27 February, 2020.

Stringfellow, Kim, *Greetings from the Salton Sea: Folly and Intervention in the Southern California Landscape, 1905–2005*, The Center for American Places at Columbia College Chicago, Chicago, 2011.

Stross, Randall, *The Wizard of Menlo Park: How Thomas Alva Edison Invented the Modern World*, Crown Publishing, Random House, New York, 2007.

Subramanian, V. K., *Art Shrines of Ancient India*, Abhinav, New Delhi, 2003.

Taha, Shadia, *Attachment to Abandoned Heritage: The Case of Suakin, Sudan*, Archaeopess, Oxford, 2013.

Taylor, Blaine, *Hitler's Headquarters: from Beer Hall to Bunker*, Potomac Books Inc.,

Dulles, Va, Poole, 2007.

Uncredited, "Danish Rubjerg lighthouse moved inland on skates", BBC News Online, 22 October 2019, https://www.bbc.co.uk/news/world-europe-50139900.

Uncredited, "Uganda's Punishment Island: 'I was left to die on an island for getting pregnant'", BBC News online 29 April 2017, https://www.bbc.co.uk/news/world-africa-39576510.

Warwick, Alan R., *The Phoenix Suburb: A South London Social History*, The Norwood Society, London, 2008.

Watters, Diane, *St Peter's, Cardross: Birth, Death and Renewal*, Historic Environment Scotland, Edinburgh, 2016.

Wellman, Gregory L., *A History of Alcatraz Island, 1853–2008*, Arcadia Publishing Arcadia Publishing, Charleston, SC, 2008.

White, Richard editor, foreword, Massie, Allan, *King Arthur in Legend and History*, Routledge, Abingdon, 1997.

Winegardner, Mark, *Elvis Presley Boulevard: From Sea to Shining Sea, Almost*, Avalon Travel Publishing, Berkeley, CA, 2000.

Womack, Kenneth, *Sound Pictures: The Life of Beatles Producer George Martin, the Later Years, 1966–2016*, Chicago Review/Orphans Publishing, Chicago/Leominster, 2018.

Yazdani, Ghulam, *Mandū the City of Joy*, Oxford University Press, Oxford, 1929.

이미지 출처

19쪽	게즈긴포토/셔터스톡
27쪽	로런스 코린/REX 셔터스톡
28쪽	로만 요허/EPA/셔터스톡
31쪽	위 - 크리스티안 아슬룬드/게티 이미지
31쪽	아래 - 마자 히티지/Staff/게티 이미지
40쪽	위 - 호세 곤칼베스/위키미디어 커먼스
40쪽	아래 - 호세올곤/위키미디어 커먼스
46쪽	CMOR이미지/셔터스톡
47쪽	CMOR이미지/셔터스톡
53쪽	토마스 스케벨란트/셔터스톡
57쪽	위 - 도로시/셔터스톡
57쪽	아래 - 리플렉스 라이프/셔터스톡
60쪽	로만 로브룩/알라미 스톡 포토
61쪽	산젠/알라미 스톡 포토
69쪽	위 - 마트포드/셔터스톡
72쪽	아래 - 마트포드/셔터스톡
76-77쪽	하이서브/셔터스톡
81쪽	와즈/셔터스톡
86쪽	saiko3p/셔터스톡
89쪽	몬티첼로/셔터스톡
95쪽	위 - VTR/알라미 스톡 포토
95쪽	아래 - UtCon 컬렉션/알라미 스톡 포토
100쪽	찰스 시브랜치/EyeEm/게티 이미지
104쪽	제임스 데이비스 포토그래피/셔터스톡
112쪽	마테이 후도베르니크/셔터스톡
113쪽	위르겐_윌스타브/셔터스톡
117쪽	트리나 반스/셔터스톡
127쪽	아나마리아스/알라미 스톡 포토
129쪽	위 - 아나마리아스/알라미 스톡 포토

129쪽	아래 - 아나마리아스/알라미 스톡 포토
130쪽	아나마리아스/알라미 스톡 포토
136쪽	아이코노그래픽 아카이브/알라미 스톡 포토
140쪽	K I 포토그래피/셔터스톡
142쪽	스티브 버클리/셔터스톡
145쪽	비전 오브 아메리카, LLC/알라미 스톡 포토
152쪽	프랭크 포토스/알라미 스톡 포토
157쪽	토미 트렌처드/알라미 스톡 포토
158쪽	토미 트렌처드/알라미 스톡 포토
163쪽	션 파본/알라미 스톡 포토
164쪽	mck2197/알라미 스톡 포토
169쪽	위 - 코르시카 파스칼레파올리대학교/코르시카 영토공동체/ http://m3c.univ-corse.fr/omeka/items/show/1095758
169쪽	아래 - 존 잉걸/알라미 스톡 포토
177쪽	seeshooteatrepeat/셔터스톡
178~179쪽	크리스토퍼 챔버스/셔터스톡
184쪽	에버렛 컬렉션 Inc/알라미 스톡 포토
185쪽	모리셔스 이미지 GmbH/알라미 스톡 포토
193쪽	미디어 드럼 월드/알라미 스톡 포토
197쪽	위 - 다미안 판코비에츠/셔터스톡
197쪽	아래 - Rinma_DBK/셔터스톡
204쪽	앨러스테어 필립 와이퍼-뷰/알라미 스톡 포토
214쪽	사한 누호글루/셔터스톡
215쪽	사한 누호글루/셔터스톡
219쪽	비주얼 포토/셔터스톡
226쪽	하인 나우웬스/셔터스톡
227쪽	리처드 그레이/알라미 스톡 포토
234쪽	MJ 포토그래피/알라미 스톡 포토
243쪽	마이클 프리먼/알라미 스톡 포토
245쪽	모리셔스 이미지 GmbH/알라미 스톡 포토
256쪽	톰 키드/알라미 스톡 포토
265쪽	라오양/아이스톡
270쪽	dottorkame/셔터스톡

지은이 트래비스 엘버러 Travis Elborough

카리브해의 해적부터 LP까지, 대중문화의 거의 모든 것을 아우르는 전방위적 글쓰기의 대가. 《가디언 The Guardian》이 선정한 '영국 최고의 대중문화역사가 중 한 명'으로 웨스트민스터대학교에서 문예 창작을 가르치고 있다.

특히 낯선 장소에 얽힌 흥미로운 이야기를 통해 지식과 교훈을 전달하는 데 탁월하다. 2020년 에드워드 스탠퍼드 여행 글쓰기 상Edward Stanford Travel Writing Awards에서 '올해의 여행책'을 수상한 《사라져가는 장소들의 지도》, '세상을 더 크게 느끼게 한다'는 찬사를 받은 《별난 장소들의 지도 Atlas of Improbable Places》 등을 썼다. 이 밖에 《거의 모든 안경의 역사》《공원에서의 산책A Walk in the Park》 등 다양한 책을 집필했다.

옮긴이 성소희

서울대학교에서 미학과 서어서문학을 공부했다. 글밥아카데미 수료 후 바른번역 소속 번역가로 활발하게 활동 중이다. 옮긴 책으로는 《사라져가는 장소들의 지도》《여신의 역사》《이디스 워튼의 환상 이야기》《코코 샤넬: 세기의 아이콘》《고전 추리 범죄소설 100선》《베르토를 찾아서》《미래를 위한 지구 한 바퀴》《알렉산더 맥퀸: 광기와 매혹》 등이 있으며, 철학 잡지 〈뉴 필로소퍼〉 번역 작업에 참여하고 있다.

지도로 보는 인류의 흑역사

ⓒ 트래비스 엘버러, 2023

초판 1쇄 발행   2023년 5월 30일
초판 2쇄 발행   2023년 12월 15일

지은이   트래비스 엘버러
옮긴이   성소희
펴낸이   이상훈
인문사회팀   김경훈 최진우
마케팅   김한성 조재성 박신영 김효진 김애린 오민정

펴낸곳   ㈜한겨레엔 www.hanibook.co.kr
등록   2006년 1월 4일 제313-2006-00003호
주소   서울시 마포구 창전로 70(신수동) 화수목빌딩 5층
전화   02) 6383-1602~3
팩스   02) 6383-1610
대표메일   book@hanien.co.kr

ISBN 979-11-6040-517-0 03980

◦ 책값은 뒤표지에 있습니다.
◦ 파본은 구입하신 서점에서 바꾸어 드립니다.